U0863472

每天学点
成功学全集

李问渠◎编著

H.P.H 哈尔滨出版社
HARBIN PUBLISHING HOUSE

图书在版编目（CIP）数据

每天学点成功学全集／李问渠编著. —哈尔滨：哈尔滨出版社，2009.11（2020.10重印）
ISBN 978-7-80753-771-7

Ⅰ. ①每… Ⅱ. ①李… Ⅲ. ①成功心理学－通俗读物
Ⅳ. ①B848.4-49

中国版本图书馆CIP数据核字（2009）第102768号

书　　名：每天学点成功学全集
MEI TIAN XUE DIAN CHENGGONGXUE QUANJI

作　　者：李问渠　编著
责任编辑：尉晓敏　李维娜
责任审校：李　战
封面设计：华夏视觉

出版发行：哈尔滨出版社（Harbin Publishing House）
社　　址：哈尔滨市松北区世坤路738号9号楼　　邮编：150028
经　　销：全国新华书店
印　　刷：天津文林印务有限公司
网　　址：www.hrbcbs.com　　www.mifengniao.com
E-mail：hrbcbs@yeah.net
编辑版权热线：（0451）87900271　87900272
销售热线：（0451）87900202　87900203

开　　本：710mm × 1000mm　　1/16　　印张：20　　字数：285千字
版　　次：2009年11月第1版
印　　次：2020年10月第2次印刷
书　　号：ISBN 978-7-80753-771-7
定　　价：49.80元

目 录

第一章 认识篇

第二章 魅力篇

第十章 惜时篇

第十一章 逆境篇

第十二章 口才篇

第十三章　人际篇

第十四章　进步篇

第一章

认识篇

欲望是成功的原动力

在追求成功的路上，最不可缺少的就是欲望，有强烈成功欲望的人总会比没有成功欲望的人能更快更早地实现成功的梦想。没有想要成功的欲望，成功也就变得可有可无。没有了欲望这个成功的原动力，想要成功，真的很难。

在心理学上，有一个叫“期望强度”的概念，意思是说一个人在实现自己期望达成的目标的过程中，面对各种付出与挑战所能承受的心理限度，或者说是其欲望的牢固程度。

有一位年轻人，想向大哲学家苏格拉底求学。有一天，苏格拉底将他带到小河边，然后“扑通”一声，苏格拉底就跳到河里去了。年轻人一脸疑惑：难道大师要教我游泳吗？看到大师在向自己招手，年轻人也就稀里糊涂地跳进河里。没想到，当他一跳下来，苏格拉底便立即用力将他的脑袋按进水里。年轻人拼命挣扎，可刚一出水面，苏格拉底便再次用更大的力气将他的脑袋按进水里。

年轻人再次挣扎，刚一出水面，还没来得及喘气，苏格拉底第三次死死地将他的脑袋按进水里……最后，年轻人本能地用尽全身力气再次拼命挣扎出来，然后，他拼命往岸上爬。上岸后，他指着还在水里的苏格拉底问道：“你到底想干什么？”

结果，苏格拉底理都没理他，爬上岸像没事一样就走了。年轻人百思不得其解，他追上苏格拉底，诚恳地说：“大师，恕我愚昧，刚才的一切我还没明白，请您告诉我。”苏格拉底似乎觉得年轻人还有可教之处，于是，他停下脚步，回过头来，对他讲了这样一句话：“年轻人，如果你想向我学知识的话，你就必须有强烈的求知欲望，就像你有强烈的求生欲望一样。”

正像苏格拉底对年轻人的启示一样，追求成功也是如此：要成功，必须有强烈的成功欲望，就如同我们有强烈的求生欲望那样。

成功者与常人的一点不同是，他们总是有一个宏愿，敢于争取那些在平常人看来不可能获得的东西。今天的成功者在当初也许和大多数人一样平凡，但他们之所以成功了，最不可忽视的一点就是他们有着强烈的成功欲望。

从深层次来看，每个人都有成功的渴望，但又似乎觉得它离自己太远，很多人都会不知不觉地有这样的想法："我怎么会成功呢？""我不太可能会成功。"于是，在这种怀疑和不自信的心理作用下，他们大都也就安于现状，没有去考虑改变自己的生存状态。但事实上，很多情况却截然相反，我们从中也可以悟到这样一个道理，那就是没有做不到的，只有想不到的。

的确，成功者敢想，失败者不敢想，而迈向成功的第一步就需要想，需要欲望，需要树立一个宏愿："我要成功！"这是迈向成功的起点。无数人之所以平庸、落魄，就是因为这个起点不存在。

"我一定要成功"是一个欲望，也是一种心态。有的人对未来抱着侥幸的心态，觉得自己说不定哪一天就能碰上一个好机会，说不定哪一天就能遇到一个好领导，说不定哪一天就能炒股发大财……其实，这些都是投机心理，这种人只有幻想，而绝不会成功，因为成功从来不会无缘无故地到来。

还有的人抱着"但愿"的心态："但愿有人会欣赏我"，"但愿我也能像别人一样优秀"……这种人永远活在成功者的阴影里，永远期待着客观条件的改变，而这种心态对他们来说没有任何的积极意义。

有这样一个问题：当一个保育员拿着一瓶牛奶走进一个躺着众多婴儿的房间时，她会把奶瓶塞进谁的嘴里？通常来说，她会塞进哭得最凶的孩子嘴里，因为孩子用自己的哭声表达了自己想要吃奶的欲望。

这个世界上的很多人之所以不能成功，是因为他们没有真正地想要过。有些人虽然不断地想要，但并非一定要得到，所以一遇到困难就开始退缩。

有这样一种人，他们抱着凡事都试一试的态度。他们也曾试图去追求成功，如果某天心情愉快，感觉不错就去试一试，如果某天感觉很糟就放一放。或者说如果办事顺利，能立即见效就继续试一试，而一旦遇到障碍就停下来。可以毫不犹豫地说，持有这种心态的人，无论是为人、立业、处事都不可能有成就。

还有的人对成功充满着渴望，与前面几种人相比，他们的心态更趋于积极，能更主动地抓住机遇，不断地完善自我，因此，他们每天都会有进步。

美国牛肉饼大王雷·克洛出生在一个贫困的家庭，到了高中的时候，家里实在不能承担他读书的费用了，于是，他不得不中途辍学，找了一份推销员的工作。后来，一个偶然的机会，他开始涉足房地产业。

经过一段时间的打拼，他小有成绩。但是好景不长，当房地产热渐冷以后，他的事业陷入了低谷。他回忆说，当时是寒冬，自己身上没有一件大衣，甚至连副手套也没有。当自己回到家里时，全身都冻僵了，当时自己真的是心灰意懒。但是，他不甘心自己就这样倒下去了，他觉得自己还能有所成就，也应该有所成就。于是，他打起精神，又开始了为事业奔波的旅程。在他的心里，从来都没有觉得自己是失败的，他坚信自己总有一天会成功。他怀着这样的想法继续打拼，虽然后来也经历了诸多艰辛，但最终成了有名的亿万富翁。

成功需要有“我一定要”这种志在必得的欲望，需要坚定的信念和顽强的毅力。毕竟，人们永远会把目光聚焦在成功者的身上，这是不容置疑的事实。因此，只要用生命的全部能量大声呐喊：“我要成功，我一定要成功！”只要你发自内心，这个世界就会被震撼。

成功人士说：你必须要，一定要，全力以赴地要！否则，你只有挑别人剩下的。不想要或者想要而不够强烈，是人们不能成功的重要原因。而一旦你想要，你生命的能量就会爆发出来。

把失败写在背面

有成功就有失败，失败并不可怕，也不值得沮丧。失败中往往蕴涵着成功的契机，能带给你宝贵的经验和教训。因此，只要把失败写在背面，你就会重新鼓起勇气，看到成功的希望。

在人生的旅途中，每个人都在追求成功，追求理想的实现。但是，与成功相比，我们经历更多的却是失败。一提到失败，就会让人想起失望、沮丧、没有信心等消极的词汇。的确，失败会让人不开心，甚至受到打击，但仔细想想，失败也并没有那么可怕。有人说，失败只是暂时的不成功，只要把每一次的失败都看作新的起点，看作新的动力，坚持不懈，加倍努力，就一定能成功。

有一个年轻人，从很小的时候起，他就有一个梦想，希望自己能够成为一名出色的赛车手。他在部队服役的时候，曾开过卡车。

退役之后，他来到一家农场开车。在工作之余，他仍坚持参加一支业余赛车队的技能训练。只要有赛车比赛，他都会想尽一切办法参加。因为得不到好的名次，所以他在赛车上的收入几乎为零，这也使他欠下了一笔数目不小的债务。

有一年，他参加了威斯康星州举办的赛车比赛。当赛程进行到一多半的时候，他的赛车位列第三，他有很大的希望在这次比赛中取得好的名次。而就在这时，他前面的两辆赛车发生了相撞事故，他迅速地转动赛车的方向盘，试图避开他们，但最终因为车速太快未能成功。结果，他撞到车道旁的墙壁上。赛车在燃烧中停了下来，当他被救出来时，手已经被烧伤，鼻子也不见了，体表烧伤面积达到了40%，医生给他做了7个小时的手术才使他从死神的手中挣脱出来。

经历了这次事故，尽管命保住了，可他的手却严重萎缩，看起来像个鸡爪子。医生告诉他说：“以后，你再也不能开车了。”

然而，他并没有因此而灰心绝望。为了实现那个梦想，他决心再一次为成功付出代价。他接受了一系列的植皮手术，为了恢复手指的灵活性，每天他都不停地练习用手指的残余部分去抓木条，有时疼得浑身大汗淋漓，但他仍然坚持着，因为他始终坚信自己的能力。在做完最后一次手术后，他回到了农场，用开推土机的办法使自己的手掌磨出老趼，并继续练习赛车。

结果，仅仅在九个月之后，他就重返了赛场。他首先参加了一场公益性的赛车比赛，但没有获胜，因为他的车在中途意外地熄了火。不过，在随后的一次全程 200 英里的比赛中，他取得了第二名的成绩。

又过了两个月，仍是在上次发生事故的那个赛场上，他满怀信心地驾车驶入赛场。经过一番激烈的角逐，他最终赢得了 250 英里比赛的冠军。

他，就是美国颇具传奇色彩的伟大赛车手——吉米·哈里波斯。当吉米第一次以冠军的姿态面对热情而疯狂的观众时，他流下了激动的泪水。一些记者纷纷将他围住，并向他提出一个相同的问题："你在遭受那次沉重的打击之后，是什么力量让你重新振作起来的呢？"

此时，吉米手中拿着一张此次比赛的宣传图片，上面是一辆赛车迎着朝阳飞驰。他没有回答，只是微笑着用黑色的水笔在图片的背面写上一句凝重的话：把失败写在背面，我相信自己一定能成功！

把失败写在背面，看到的就是成功。如果你过分在意失败，最终只能远离成功。而要想获得成功，失败其实是必须要经历的过程。失败不是让你远离成功，而是让你从中获得宝贵的经验和教训，从而早日取得成功。

如果你能把失败当成人生必修的功课之一，你就会发现，几乎所有的失败经历，都会给你带来一些意想不到的益处。我们的看法是把失败当做你人生成功的基础，这是你最好的选择。

坚强是成功的保证

生活就像海洋，只有意志坚强的人，才能到达彼岸。要获得成功，固然需要具备诸多因素，但如果没有一颗坚强的心，那就很容易动摇，很容易妥协，甚至很容易放弃。可以说，坚强是成功的保证，拥有坚强，就有机会与成功握手。

有人说，付出努力 + 坚强 = 成功。的确，在追求成功的道路上，也许你会摔倒，会迷路，会觉得比别人走得更累，过得更辛苦，但这些并不会阻挡你前进的脚步，只要你坚强，敢于面对一切挫折，那成功终将会属于你。

有这样一个故事：

有人问一位智者："请问，怎样才能成功呢？"

智者笑笑，递给那人一颗花生："用力捏捏它。"

那人用力一捏，花生壳碎了，只留下花生仁。

"再搓搓它。"智者说。那人又照着做了，红色的种皮被搓掉了，只留下白白的果实。

"再用手捏它。"智者说。那人用力捏着，却怎么也没法捏动花生。

"再用手搓搓它。"智者说。当然，什么也搓不下来。

智者说："虽然屡遭挫折，却有一颗坚强的百折不挠的心，这就是成功的秘诀。"

在生活的道路上，没有人能打倒你，除了你自己。正是因为不断地经受磨难，人才能变得更加坚强。英国小说家、剧作家柯鲁德·史密斯曾这样说："对于我们来说，最大的荣幸就是每个人都失败过，而且每当我们跌倒时都能爬起来。"

也许你还不知道，日本人把"不倒翁"这种玩具称为"永远向上的小法师"。每当人们参加竞选的时候，就有用它当装饰品的习惯。有的人把"不倒翁"的一只眼涂黑，还有的人若是当选了，就把"不倒翁"的下半身涂黑，以示庆祝。

有三个毕业于同一所大学的同学同时被分配到当地机关工作。

几年之后，有一个人不甘心这种日复一日打水拖地看领导脸色过日子的生活，因此要求调到了企业。另外两位没有动心。

又过了几年，又有一个人辞职下海了。剩下的一个仍未动心。

再过了几年，当三人相聚的时候，到企业的那位已经当了大厂的厂长，辞职下海的那位已成了拥有千万资产的老板，而在机关的这位却后悔不该满足于每月几百元的“皇粮”。

按时下的择业观念来说，许多人的第一目标仍是要有旱涝保收的稳定收入，到时候能拿工资、能领福利。但他们却忘了这样一个道理：没有了压力也就没有了动力，没有了动力也就发掘不出潜力。这时候，那些觉得自己是怀才不遇的人就不应该再抱怨天下伯乐太少，因为他们是自己埋没了自己。

此外，有58%的人后悔锻炼身体不足。

忘了是谁说过这样一句话：60岁以前想用身体换一切，60岁以后想用一切换身体。其实，没有什么东西能比身体健康更重要。健康是支撑我们一辈子的物质和能量资源，只有健康资源的持续可用，我们的成功才有保证。一般我们界定成功人士，其中的一个显著特征就是精力充沛，成功的人总是能把健康资源优势发挥到最大程度。而还有一些人，却因为健康资源的短缺而成为悲剧英雄。同时，还有一些人是因为精神的不健康而不能完成自己想做的事。

最有趣的是，只有11%的人后悔没有赚到更多的钱。

对于还没有赚到很多钱的年轻人和中年人来说，这也许是个很好的安慰。有钱虽然能够办很多事情，但赚钱并不是人生最主要的目的。只要能不断积累和提高自身的素质，不断向前迈进，赚钱也就不是什么大问题了。

其实，很多事情我们在年轻的时候后悔还可以改正，如果到了年老的时候再后悔，想补救都来不及了。因此我们每个人都应该经常回头看看自己走过的路并扪心自问：我有什么事情最后悔？

在成功的路上，我们要尽力用心地去做，不要被一时的利益诱惑，也不要因一时的冲动而让自己后悔。别做让自己后悔的事，从现在开始，踏实地努力，就能享受成功的喜悦。

积累资源，为成功铺垫

资源对成功起着举足轻重的作用，不论是有形的资源还是无形的资源，都是成功所不可或缺的要素。整合现有的资源，开拓新的资源，不断积累自身的资源，就能为成功增加筹码。

可以说，一个人事业的发展，实际上就是一个逐渐增加个人可以动用的资源的过程。如果我们可以动用特定的外界资源，通常来说，就可以获得成功的人生。从某种程度上说，人生的成功，直接依赖于特定个人可以动用的资源。事实上，能否动用相关的资源以及资源的规模，是人生成功与否的重要标志之一。不难发现，成功人士都是珍惜资源，并且把资源利用到极致的人。因此，注意积累并妥善地利用资源，就将为自己的成功之路作好铺垫。

一般来说，人生的资源主要有以下几种：

首先是时间资源。我们注意到，成功者很少有浪费时间的行为，可以说他们的成功实质上就是在时间利用上的成功。人们常说，年轻就是资本，这是指年轻人有时间干自己想干的事业。但不可否认的是，有些人一生都没有利用好时间，有些人只是利用好了青春，有些人只是利用了一生中的几年。而从成功学的角度来看，一流的人才在尽量地利用好每一天，那些成功人士都是尽量利用好每一分钟乃至每一秒钟的。

其次是知识资源。一个人拥有的知识与他成功的概率成正比。不断地补充知识，是获得成功的前提。

在《超级成功学》一书中，作者陈安之曾经提到，有一次他去拜访一位资产达60亿的董事长，董事长告诉他说自己成功的秘诀就是不断地补充知识，也就是学习学习再学习。的确，按照知识折旧定律，一个人一年不学习，他所掌握的知识就结那些对自己并没有多大帮助的人，而怠慢与自己关系十分友好的人。其实，成功的人都十分珍视友情，总是厚待朋友，而失败的人往往把朋友看得可有可无。实际上，和志同道合的积极的人做朋友会有助于成功，因为有了取得成功的人的指引，会少走弯路。面对困难和超出自己能力的事，需要朋友的指引和支持。在你遭遇挫折的时候，哪怕是朋友的一句鼓励的话也是很有益处的。

4. 怨天尤人。失败者往往对自己的前途失望悲观，他们不喜欢自己的工作和所处的环境，总以为周围的人又虚伪又愚蠢，他们对任何事情都提不起兴趣，又把自身的失意和无聊传染给周围的人。他们总是在向他人表述自己对生活已经丧失了信心，认为自己没办法干得更多更好。在他们的潜意识里，总认为自己是个失败者。他们不明白，抱怨除了能浇灭信心，不会对成功产生任何积极的作用。

5. 穿着打扮不当。“如果你穿得成功，那你一定也会感觉成功，如果你感觉成功，你最终就会成功。”这是美国热播的商业真人秀《飞黄腾达》中的唐纳德·杜林普所说的商业真理。

的确，在今天的社会里，衣着的作用已经不只是遮体保暖，穿着的成功会有助于你事业上的成功。这不是危言耸听，在现实生活中，尽管很优秀，但因为不懂穿着而失去机会的也大有人在。

有这样一个年轻漂亮的女士，她个人很优秀，无论从经验还是从业务素质上，都可以算得上出色。有一次朋友介绍她去一家有名的公司面试，这家公司一直以其良好的家族形象为骄傲。可是，让人难以置信的是，这位女士竟然穿着短裤和T恤衫以及高跟凉鞋去参加面试，实在是让人大跌眼镜。

6. 言行不恭。苏珊·海尔巴赫－格罗塞说：“在会议开始后3–5分钟，我们对一个人的看法就已形成。”这印象55%来自身体语言、衣着、气味，38%来自声音，只有7%来自这个人谈话的内容。从某种角度来说，言行也是一种成功的资源，而那些不注意自己言行的人往往会成为失败者。他们待人接物粗鲁无礼，言行让人难以接受。他们不能按时赴约，不会很得体地对别人馈赠的礼物表示感谢，也不会为自己的傲慢和错误进行道歉。

7. 无谓的争论。失败者总是喜欢与人争论不休。也许他会以为，朋友和同事会被他的精干和聪明所深深打动，会对他留下深刻的印象。这实在是大错特错了。有时候有的问题不需要争论，因为它毫无意义。与其浪费时间和感情在这上面，倒不如想想该如何改进之后的工作。

雷伯恩是美国参议院一位享有盛名的发言人，他曾说过：“如果你想与别人相处融洽，你最好是赞同别人的意见。”他的意思并不是要你毫无原则地附和别人，而是说别在喋喋不休惹恼别人的同时，又希望人家来帮助你，因为事务缠身的人不喜欢为那些无谓的争辩去浪费时间。

8. 自欺欺人的幻想。不成功的人在生活中总喜欢自己欺骗自己。如果仅仅是对别人不诚实，那这个人至少在物质方面还有可能达到目的。但如果这个人连对他自己都谈不上诚实，那他在人生路上的进步就一点也别指望了。

以上的坏习惯其实是对成功最大的阻碍，所以说，好的习惯要养成，这样的坏习惯要及早摒弃，否则，不会给自己带来任何益处。

挣脱坏情绪的桎梏

在成功的路上，最大的敌人其实并不是缺少机会或是资历浅薄，成功的最大敌人是缺乏对自己情绪的控制。凡是成功的人，都是情绪的主人，都不会轻易让自己被情绪所摆布。

一个人的成功，20%依赖智商，而80%依赖情商。会控制情绪就是好情商的一种表现。要想在成功的路上走得更顺利，就要掌控好自己的情绪。

许多人之所以能够取得骄人的成就，一个重要的原因就是他们在遇到困难的时候，在对某些事情的处理上感到棘手的时候，能够冷静地思考，不会在激动的情绪下让自己的工作、生活受到影响。

一个有着良好的控制自己情绪的能力、能承受外界压力、把握自己心理平衡的能力的人，往往是在人生道路上取得巨大成就的人。因为只有控制好自己的情绪，才能掌握自己的未来。

丘吉尔首相有一次在公开场合进行演讲，一位反感他的观众从台下传上来一张纸条，上面只写着“笨蛋”两个字。

丘吉尔当然知道这是什么意思，也知道这个存心捣乱的人在台下等他出丑，进而达到嘲弄他的目的。丘吉尔定了定神，神色轻松地扬了扬纸条说：“刚才我收到了这张字条，可惜写它的人只记得署名，却忘了写内容。”

成功者告诉我们，在被情绪干扰、难以决定重大事情的时候，我们应该立即终止这种状态，以相反的思维或心情来调整它，比如想象自己已经心平气和、镇定自若。因为，只有控制好自己的情绪，使自己的心态平和，才能头脑冷静、理智地把事情做好。此外，在焦躁不安、心乱如麻的时候，最好不要处理一些重要的事情。

一般说来，被自己情绪摆布的人是不可能成为一个成功的人的。在我们周围，有很多聪明有才的人，但他们不善于控制自己的情绪，总是让情绪左右自己，每当遇到不顺心的事情时，就会冲动、沮丧，不知道该如何处置，结果就很容易失败。

迈克尔是一位年轻的公司职员，公司老板对他的评价并不是很高，总认为他做事很笨，因此，迈克尔常常感到痛苦，情绪也不高。但如果我们试想一下，要是迈克尔不知道自己的老板对自己的看法，他可能也就不会因此而沮丧了，因为一个人一般不会为自己不知道的事情而痛苦。因此我们可以说，造成迈克尔情绪不高的原因并不在于上司对他的看法，而在于他自己的感受。此外，影响他情绪的原因还在于，他确信别人的看法比自己的看法更为重要，如果他认为自己并不太笨，并努力通过自己的表现来向老板证明这一点，他也就不会因此而痛苦了。

在情绪的左右下，有的人就会反对大家的建议，也许在不久后他的情绪会好转，会选择与大家的建议相同的道路，但是一旦情绪不好的时候，他还会一意孤行。就这样，他在情绪的忽好忽坏中成了情绪的牺牲品。如果不及时控制不好的情绪，那么，在心态变得积极之前，很多好的机会都会悄悄溜走，到那时，后悔也已经无济于事。

亨利和威廉共同领导着一家业务蒸蒸日上的金融公司。亨利负责外交事务，威廉负责公司的内部管理。可以说他们是真正配合默契的搭档。

事实上，威廉是由亨利提拔上来的，亨利看重的是威廉大胆果敢的行动魄力。而威廉上任后，也没有辜负亨利的期望，一直在努力地工作。两个人密切配合，为公司的发展尽心竭力。

而不幸的是，因为很小的一件事情，两个人产生了矛盾，以致最后毁掉了这个公司。

事情的原委是这样的：一次，一位客户邀请亨利共进午餐，亨利也请来了威廉。在餐桌上，亨利与客户谈笑风生，无意中将威廉冷落在了一边。这让威廉受到了极大的打击，他怒火中烧，认为这是亨利有意而为之，故意让自己出丑。

从此以后，威廉整天板着脸，时不时地就跟亨利发牢骚，抱怨自己没有什么实际权力，甚至有时还在背后攻击亨利。过了不久，亨利从董事长的位置上退下来，威廉接管了公司。

可是，他的怒火仍然没有因此而平息，他将不满的情绪转移到了公司其他几位股东的身上。结果，几个月后，公司的几名重要合伙人就撤股离开了，公司变得人心涣散。

后来，情况继续恶化，公司的利润大幅度下降，最后，被另外一家大型企业所收购。一个好端端的公司就因为一点很小的事情闹到了解体。

古今中外，凡是能成大事的人，都是善于控制自身情绪的人。那些缺乏自我控制能力的人也要认识到，要想更好地适应社会，早日取得成功，就要学会控制自己的情绪，学会理智、客观地处理问题。

但是有一点需要说明，控制不等于压抑，积极的情绪可以激励人上进，加强与他人之间的合作与交流。如果把自己的许多精力消耗在抑制自己的情绪上，不仅容易给自己带来心理上的压力，而且没有足够的精力对外界作出强有力的反应。因此，要想成为一个成功的人，就要学会控制自己的情绪，摆脱情绪的左右。

人穷不怕，心穷才可怕

有的人穷是因为他有甘于贫穷的心，有的人穷是因为自己的机遇等原因，而内心并不认为自己会永远贫穷。道理就是这样，人穷没什么可怕的，心穷才可怕。

很多人为自己的贫穷而烦恼，其实这是完全没有必要的，因为贫穷的原因有很多，关键是看你怎么去面对。如果你不相信自己会一直守着贫困，并积极想办法去改变，那就说明你不是真的贫困，因为，人穷不可怕，心穷才是真的穷。

有这样一则关于穷人和富人的故事：

富人很富有，每天在回家下车时，都会看见一个要饭人守在路边。

开始的时候，富人理也不理这个要饭人，邻居们都说这个富人心地不善良。富人说我这样做恰恰是慈善，因为他站在这里要饭越是要得着，越不想去劳动致富，因为他还活得下去，要知道富都是被穷逼出来的。

邻居们都摇头，说富人站着说话不腰疼，穷人是因为没有活路，如果有了活路自会去谋生。富人说那咱们就试试看。

第二天，富人下车后，走到要饭人的跟前，给了他三张百元大钞，说："我最初就是用 300 元钱做小买卖起家，现在我同样给你这么多钱，你自己去谋生，干点什么吧，别在这儿要饭了。"

穷人见钱眼开，满口答应，从此有半个月没有再出现。邻居们正以为富人这钱给对了时，那穷人把钱花完又回来了，还是站在原来的位置，伸出乞讨的手。

从此以后，富人的车还是照常开过，但再也没有理睬过这个穷人。

从上面这则故事可以看出，穷人有两种类型：一是人穷，一是心穷。

故事中的富人起初也是穷人，创业之初也仅有 300 元的家当。可他人虽穷，

竭尽全力才能把事做好

人不是有智慧就可以成功，还需要 99% 的汗水。只要做事竭尽全力，就可以获得成功。要想实现人生的最高目标，仅仅做到尽力而为是远远不够的，必须竭尽全力才可以。

成功究竟意味着什么? 美国畅销书作家哈尔·厄本博士在其畅销书《成功加油站: 步入成功的 20 个建议》中对此作出了全新的解释: 尽力就是成功。

他认为:“我们若能发挥自己最大的才干，尽自己最大的能力，我们便是成功的。生活并不要求我们永远崭露头角，仅仅要求我们在生活的不同层次上尽自己所能。这正是成功人士在生活中某些最重要领域的行动秘诀。”在哈尔·厄本看来，“尽力”不仅仅是“尽自己所能”，而且是充分发挥自我的天性，是充分运用自我的潜在能力。

成功者的一个显著特点是做事全心全力，他们无论在哪个行业，都能有所成就。成功者的经验告诉我们，当我们着手做某一项工作时，就要全身心地投入，竭尽全力去做事，如果不能做到这点，那你早晚会为此付出代价。

多年前，一个年轻人在营销策划公司工作。一天，他的一位朋友找到他，说自己的公司想作一个小规模的调查。朋友希望年轻人出面，把业务接下来，然后由朋友自己去运作，最后的调查报告由年轻人把关。

那是一笔很小的业务，没什么大的问题。市场调查报告出来后，年轻人很明显地看出其中的水分，但他只是作了些文字加工和改动，就把它交了上去。

事情就这样过去了。

几年后的一天，年轻人与别人组成了一个项目小组，一起去完成北京新开业的一家大型商场的整体营销方案。不料，对方的业务主管明确提出，对年轻人的印象不好，要求换人。原来，该主管正是当年市场调查项目的那个委托人。

也许，年轻人只是偶然地遇到这两件事便失去了自己的发展机会，但这种偶然性当中其实已包含了必然性，因为越是从微不足道的小事上，越能看出一个人的本质来。一个对自己经手的事情都敷衍塞责的人，怎么可能是认真、敬业的人呢？这样的人，也不会赢得别人的信任与赏识。年轻人最初的草率，已注定他日后将丧失良机。反之，一个人若是对自己所做的每一件事都竭尽全力，那他必将为自己赢得越来越多的机遇。

1903 年，帕特·奥布瑞恩在纽约参加一出名为《向上，向上》的话剧演出，其中有一段是帕特与两个怒气冲冲的人争执不休的表演。

由于这出话剧的反响不够理想，剧团后来移到一家小剧院去演出。演员的薪水都不同程度地被削减，他们的前途一片暗淡。然而，多年的教育使帕特养成了“凡事尽力而为”的习惯，因此每一次演出，他的整个身心都融合在角色中，从场上下来时总是满身大汗。

半年后的一天，帕特接到一个电话，邀请他参加电影《扉页》的拍摄。

原来，《扉页》的导演刘易斯·米尔斯顿偶然看到了《向上，向上》，帕特在桌边与人争吵的那一幕给他留下了深刻的印象。于是，他推荐帕特在《扉页》里类似情节的一场戏中扮演一个角色。

这是帕特·奥布瑞恩银幕生涯的起点。日后，他成了非常有名的电影明星。

我们常说做事要尽力而为，其实，要想采摘到成功的果实，有时并不是说尽力而为就可以的。如果没有竭尽全力的劲头，没有全力拼搏的勇气，是很难得到成功的眷顾的。

在美国，有一个卖汽车的业务员的销售成绩总是在公司排名第一，有人问他：“你为什么总是第一名？”他回答说：“因为我每个月都设法比第一名多卖一台车子。”这么简单的一个方法，这样简单的一句回答告诉了我们一个简单的成功道理——永远比第一名还要更努力。

有一天，年轻的海军军官卡特应召去见海曼将军。在谈话中，将军总是问他一些问题，他每次都被问得直冒冷汗，于是他明白，自己自认为懂得许多东西，但实际上懂的很少。

在谈话的最后，将军问他在海军学校的成绩怎么样，卡特自豪地说："将军，在全班820人中，我排第59名。"

将军皱了皱眉头，问道："你竭尽全力了吗？"

"没有。"卡特坦率地回答，"我并不总是竭尽全力的。"

"为什么不竭尽全力呢？"将军大声质问。这句话如当头棒喝，给卡特带来了终身的影响。此后，他做事一直竭尽全力，不懈努力，最终成了美国总统。

成功学者认为获得成功的秘密在于全力以赴。是的，谁想获得非凡的成就，就必须付出超人的努力。一个人无论从事何种职业、经营何种事业，都应该全力以赴。这不仅是工作的原则，也是成就人生的原则。彼得·德鲁克曾说，全力以赴做事的人，是唯一能够真正取得成就的人。

在漫长的一生中，每个人的命运看似变化莫测，但实际上，我们今天所走的每一步，都已为明天埋下了伏笔。也就是说，我们的明天是由今天的所作所为决定的。做事竭尽全力，踏实用心，就会给自己带来意想不到的收获。

超越自我才能飞得更高

超越别人的人，不能算是真正的成功；超越自我的人，才是真正成功的人。生命的实质就是不断超越自我，超越局限。只有不断超越自我，才能把握住自己的内在动力，最大限度地发掘自己的潜力。

在生活中，我们难免会遇到各种各样的困难，很多人会感到畏惧。其实，多数人并不清楚，许多的困难也许并没有我们想象中的那样可怕，而是完全可以战胜的。有句话说得好："失败者任其失败，成功者创造成功。"胜利者一般都是倾向于不断自我挑战的人，因为人生到处充满了挑战，而成功的关键就在于你是否敢于接受挑战，战胜自我。

在美国的一个小酒吧里，一位年轻小伙子正在用心地弹奏钢琴。说实话，他弹得相当不错，每天晚上都有不少人慕名而来，认真地倾听他的弹奏。

一天晚上，一位中年顾客在听了几首曲子后，对那个小伙子说："我每天都来听你弹奏曲子，你弹奏的那些曲子我都已经很熟悉了，你不如唱首歌给我们听吧。"这位顾客的提议获得了不少人的赞同，大家纷纷要求小伙子唱歌。

然而，那个小伙子面对大家的请求却变得腼腆起来，他抱歉地对大家说："非常对不起，我从小就开始学习弹奏乐器，从来没有学习过唱歌。我长年累月地坐在这里弹琴，如果唱歌恐怕会唱得很难听。"那位中年顾客却鼓励他说："小伙子，正因为你从来没有唱过歌，或许连你自己都不知道你是个歌唱天才呢！"此时酒吧的经理也出来鼓励他，怕他扫了大家的兴。

小伙子认为大家想看他出丑，于是坚持说只会弹琴，不会唱歌。酒吧老板说："你要么选择唱歌，要么另谋出路。"小伙子被逼无奈，只好红着脸唱了一曲《蒙娜丽莎》。哪知道他不唱则已，一唱惊人，大家都被他那流畅自然、男人味十足的唱腔迷住了。

在大家的鼓励下，那个小伙子放弃了弹奏乐器的艺人生涯，开始向流行歌坛进军。这个小伙子后来成了美国著名的爵士歌王，他就是著名的歌手纳京高。

要不是那次偶然的开口一唱，纳京高可能永远坐在酒吧里做一个三流的演奏者。

而食品大王保罗·纽曼的故事更能说明打破旧有的生活状态从而获得成功的故事。纽曼曾是美国著名的影星，他有着杰出的表演才能和先天的强健体魄，是银幕上的男性偶像。他饰演了许多影片，如《上帝喜欢我》、《漫长的夏日》、《在阳台上》以及《骗》等，都受到了观众的好评。他曾5次被提名为奥斯卡金像奖最佳男主角，到1986年他61岁时，荣膺奥斯卡最佳男主角，圆了自己40年的梦。此外，他还是名出色的导演。他在电影上的成就，为他赢得了声誉和财富。

保罗·纽曼是出生在美国的犹太人。大学毕业后，留在父亲的商店工作。他也喜欢表演。本来做一个老板，做一个犹太商人，他也可以成功，可他不满足于日复一日的平淡生活。于是，在众多不解和怀疑的目光中，他将生意转让给弟弟，一心一意投身到了演艺界。1986年，他因在《金钱本色》中的成功表演而获得奥斯卡最佳男主角奖。保罗·纽曼从商人到艺人的跨越，使他在新的领域内赢得了更大的成功，也发掘了自己在表演上的天赋。

但是，保罗·纽曼的超越永远没有完结。1982年，一个偶然的机会使他接触到了一种新的食品。这种新食品是拌面条用的酱汁，味道非常好。曾经是商人的纽曼看到了其中蕴藏的商机。于是他与朋友合作，投资数十万美元开发这种食品，并成立了食品公司，就这样，他又开始了从艺人到企业家的超越。最后，他被誉为美国的“食品大王”。

保罗·纽曼的人生之路告诉人们，只有不断超越自我，不断让自己在新的生活和环境中迎接挑战，才能保持住生命的创造力。

其实，我们每个人从事的事业不一定是最适合我们的工作。当我们熟悉了一项工作之后，往往害怕变化，结果就在时光的流逝中失去了自己真正的才华。成功者告诉我们，开拓视野，多去尝试一下，或许你会在别的领域做得更好。作为期待成功的人，要时时以自己为对手，战胜自己，直面自己，只有这样才能让自己不断强大，一直立于不败之地。

做成功者队伍中的一员

在成功的诸要素中，环境因素起着不可忽视的作用，身处何种环境，与何种人交往，能对人的思想或行动产生不同的影响。环境可以使你更上进，也可能使你更消沉，因此，要想成功，你就要与成功者为伍。

成功学大师陈安之说：“你想要获得成功，就必须跟成功者在一起；你想要成为顶尖人物，就必须跟顶尖人士在一起；你想要成为音乐家，就必须跟音乐家做朋友，你想要成为运动员，你必须跟顶尖运动员在一起。”

人们常说环境塑造人，虽然环境对一个人的成功并不起决定性的作用，但是一个人生活的环境，对他树立理想和取得成就有着重要的影响。周围的环境是愉快的还是不和谐的，身边的朋友是经常激励你还是经常打击你，都关系到你的前途。

成功学者认为，人体内大都蕴藏着巨大的潜能，它大多数时候都在酣睡着，而一旦被外界的东西激发，就能做出惊人的事情来。

然而，可以激发一个人潜能的事情往往是微不足道的，它也许是一句格言，也许是一次讲演，也许是一则故事，也许是一本书，也许是朋友的一句鼓励……

贝尔 28 岁时拜访著名物理学家约瑟夫·亨利，准备跟他谈论“多路电报”试验，但亨利对此不感兴趣。贝尔又提到他在试验中观察到的一个现象：把包着绝缘材料的铜线缠成螺旋状，有间隔地通电，就能听到线圈上的嚓嚓声。这回，亨利打起精神了，他敏锐地感觉到，这个年轻人在谈一个有价值的现象。于是，他要亲眼看看贝尔作这个试验。

那天，他们听到了电流通过铜线圈时发出的声音。贝尔觉得，可以利用这一原理让电报线传递人的声音，但他又觉得自己缺乏足够的电学知识，因此不知道该不该把这一设想公之于众，让电学专家来作进一步的研究。这时，亨利鼓励他说：“如果

成功需要有点责任心

成功源于责任感，这不是一句空话。有了责任感，做事就有了约束，就有了用心的保证。没有责任感，对一切事情都不会在意，也就很难得到成功的眷顾。在成功人士的身上，我们发现了一个最不可忽视的关键词：责任。

成功可以说是每个人的梦想，而成功的人必然具备某些促使其成功的条件，其中之一就是充满责任感。当然，促使他成功的必要因素有很多，如学识、机遇、才能等，但是，假如缺乏了责任感，他仍是很难成功的。

很多没有成功的人在困难来临时，往往第一个念头就是推卸责任，其实，这种做法是愚蠢的，尤其是在今天这个时代，一个人如果没有强烈的责任感，恐怕也很难得到成功的眷顾。相比之下，有些人虽然在才智上略有逊色，但假如他愿意对自己负责，成功的机会也一定比那些只有聪明才智而无责任感的人要多得多。

曾经，有个11岁的美国男孩在他家门前的空地上踢足球，一不小心，踢出去的足球不偏不倚地打碎了邻居家新装的玻璃窗。愤怒的邻居向惊慌失措的男孩索赔12.5美元。在当时，12.5美元是一笔不小的数目，足可以买125只生蛋的母鸡，这是一个每天只有几美分零花钱的小男孩想都不敢想的天文数字。

闯了大祸的男孩没有其他办法，只好向父亲讲了这件事，希望父亲会替他担起这份他无论如何也负担不了的责任。没想到，一直宠爱他的父亲却要他对自己的过失负责。男孩为难地说："我哪有那么多钱赔人家？"

于是，父亲拿出了12.5美元，严肃地对儿子说："这笔钱我可以借给你，但是一年后你必须还给我。因为，承担自己的过错是一个人的责任，是责任你就不能选择逃避。"

男孩把钱付给邻居后，开始了艰苦的打工生活。他放弃了平日里热衷的各种游戏，把课余时间都利用起来做自己力所能及的工作。经过半年的努力，男孩终于挣够了12.5美元，并把它还给了父亲。平生第一次，他通过自己的努力承担起了自己该负的责任。

在经济大萧条时期，他的父亲破产了。当时他大学刚毕业，就主动负担起整个家庭的重担，并资助弟弟重回学校学习。后来，他成为一名电视节目主持人。在他处于事业的顶峰时，出于强烈的责任感，他公开批评自己所在电视公司的最大的赞助商——通用电气公司，因此不得不离开电视界，从此投身政界。

在他获得了自己梦想的职位后，一场经济危机使他的发展之路阻碍重重。这次他担负起了引领当时世界上第一强国走出困境的责任，并且获得了成功。

他的名字是罗纳德·威尔逊·里根。

有人说，成功源于责任感，这不是没有道理的。只要有了强烈的责任感，就会全身心地投入自己所从事的工作，哪怕你对这份工作并不是完全热爱，但有责任心作保证，你也依旧能在这个领域作出成绩。

几年前，美国著名心理学博士艾尔森对全世界100名在各个领域中的杰出人士作了问卷调查，结果让他十分惊讶——其中有61名杰出人士承认，他们所从事的职业，并不是他们内心最喜欢做的，至少不是他们心目中最理想的。

那么，这些杰出人士在自己并不喜欢的领域里取得了那样辉煌的业绩，除了聪颖和勤奋之外，靠的究竟是什么呢？

带着这样的疑问，艾尔森博士又走访了多位商界英才。其中纽约证券公司的金领丽人苏珊的经历，为他寻找满意的答案提供了有益的启示。

苏珊出身于一个音乐世家，她从小就受到了很好的音乐启蒙教育，非常喜欢音乐，希望自己的一生能够驰骋在音乐的广阔天地，但她却阴差阳错地考进了大学的工商管理系。做事一向认真的她，尽管不喜欢这一专业，可还是学得格外刻苦，每学期各科成绩均是优秀。在毕业时，她被保送到美国麻省理工学院，攻读当时许多学生可望而不可即的MBA。后来，她又以优异的成绩拿到了经济管理专业的博士学位。

如今的她已是美国证券业界的风云人物，尽管如此，她依然心存遗憾地说："老实说，至今为止，我仍然不喜欢自己所从事的工作。如果能够让我重新选择，我会毫不犹豫地选择音乐。但我知道那只能是一个美好的'假如'了，目前我只能把手头的工作做好……”

艾尔森博士直截了当地问她：“既然你不喜欢你的专业，为什么你学得那么棒？既然不喜欢眼下的工作，为什么你又做得那么优秀？”

苏珊的眼里闪着自信，十分明确地回答：“因为我处在那个位置上，那里有我应尽的职责，我必须认真对待。不管喜欢不喜欢，那都是我自己必须面对的，没有理由草草应付，无论做什么，都必须尽心尽力，尽职尽责，那不仅是对工作负责，也是对自己负责，因为有责任感可以创造奇迹。”

艾尔森在之后的走访中，发现许多成功人士之所以能出类拔萃，他们的看法与苏珊的思考大致相同——因为种种原因，我们常常被安排到自己并不十分喜欢的领域，从事并不十分理想的工作，一时又无法更改。这时，任何的抱怨、消极、懈怠，都是不足取的。唯有把那份工作当做一种不可推卸的责任担在肩头，全身心地投入其中，才是正确与明智的选择。正是在这种“在其位，谋其政，尽其责，成其事”的高度责任感的驱使下，他们才取得了令人瞩目的成就。

的确，在现实生活中，“责任感可以创造奇迹”这句话很容易被人忽视。但是，从很多成功人士身上我们可以看出，只要有高度的责任感，即使并非在自己最喜欢和最理想的工作岗位上，也可以创造出非凡的奇迹。

多点关心给他人

懂得付出的人才是最聪明的人。成功的路上不需要自私，如果只想着自己，这样的人不会有太多成功的际遇，还会失去许多机会。

有一句名言："帮助别人往上爬的人，会爬得更高。"这句话不无道理，的确，成功的人一般都是愿意关心别人的人。成功人士的看法是，学会关心他人，在关心他人的过程中你能感受到那份价值，生活也会让你觉得更加充实和有意义。

李玉大专毕业后找不到工作，便进了一家百货公司做营业员。别人都认为太可惜了，但她自己却很珍惜这份工作。

李玉所在的柜组前面有道不起眼的台阶，时常会有人不小心被绊一下。所以每当有不知情的顾客经过时，李玉总是善意地提醒一句："请小心前面的台阶。"同事们都笑她多此一举，那些人又不买自己柜组的商品，管那闲事干吗？面对这样的问话，李玉从不争辩，总是一笑了之。

有一天，公司老总巡视时正巧经过那道台阶，李玉还是像以前一样提醒说："请小心前面的台阶。"老总一愣，很快便明白了怎么回事。他没说什么，只是看着李玉，脸上流露出一种赞赏的笑容。很快，李玉便被提升为柜组组长。一年之后，她成了这家公司的副总经理。

其实那句提醒的话谁都能说，可只有李玉一个人说了，而且坚持不懈。在那些笑过她的人中，肯定有不少人的能力才华都在她之上，而最后却只有她成了副总经理。

成功的人大都这样认为，关心他人会使你的生活更加充实，也会让你感觉到更加自信而坚强果断，当然也会让你赢得更多的友谊，为你迈向成功打下基础，因为人际关系是成功的重要条件之一。

一个厂办幼儿园要招一名幼儿教师，就在应聘者经过的地方，有两个幼儿在不停地哭着，没有谁来过问一下，许多应聘者还说：“哪个家长这么粗心，竟把孩子扔在这儿不管。”只有一位应聘者走近幼儿仔细询问他们为什么待在这里，爸爸妈妈干什么去了。

结果，谁能幸运地成为那名幼儿教师，不说大家也应该知道了。

许多应聘者想的往往是如何应聘成功，却不知该如何去完善自己。而招聘者设计的考题却不仅仅是纸面上的，只要你有心成功，只要你细心，只要你热爱生活，懂得关心他人，你就一定会被成功地录用。

一天，贝尔搭朋友的车出去办事，途中要经过一段隧道，朋友对他说：“以前我开车经过隧道，总是不喜欢开车灯。一来隧道不长，里面光线还不差；二来嫌麻烦，认为实在没必要开开关关。没想到有一天被迎面而来的大卡车撞了个正着，险些命丧黄泉。后来我才觉悟到，开车灯是给对方看的，因为车子经过隧道时，对方是从亮处进入暗处，视觉上难免调整不过来，加上对面来车不开灯，那实在是太危险了……”

可见，时时帮助和关怀别人，别人也就帮得到你。一个人心里有别人，懂得设身处地替他人着想，得到的是内心的充实，也同样会得到爱心的照耀和真情的温暖。

总之，你只有去关心别人，别人才会以真诚回报你，为你付出。因为，对方一旦觉得你在关心他，就会自然地对你产生亲切感，进而产生信任感，这样，他就愿意与你合作、分享，你在成功之路上也就会多些帮助。

学会倾听，做最好的听众

卡耐基曾说，专心听别人讲话的态度是我们所能给予别人的最大赞美。不管对朋友、亲人、上司、下属，倾听都具有同样的功效。倾听他人谈话的好处之一就是，别人将以热情和感激来回报你的真诚。

心理学家已经证实，倾诉能减除心理压力，当人有了心理负担和问题的时候，能有一个合适的倾听者是最好的缓解压力的办法之一。你帮了别人的忙，解除人家的困境，当你需要帮助的时候，别人也会随时感恩图报。

而且，倾听是解决冲突、矛盾，处理抱怨的最好方法之一。一个牢骚满腹，甚至是最不容易对付的人，在一个有耐心、有同情心的倾听者面前都常常会变得通情达理。

曾经，某电话公司遇到一个客户，这位客户对电话公司的工作人员破口大骂，还威胁要拆毁电话。他拒绝支付某种电信费用，并说那是不公正的。

他写信给报社，还向消费者协会提出申诉，到处告电话公司的状。电话公司为了解决这一麻烦，派了一位最善于倾听的调解员去会见这位难缠的客户。这位调解员静静地听着那位暴怒的客户大声“申诉”，并对其表示同情，让他尽量把不满发泄出来。

三个小时过去了，调解员非常耐心地听着他的牢骚。此后，还两次上门继续倾听他的不满和抱怨。当调解员再次上门去倾听他的牢骚时，那位早已息怒的客户已经把这位调解员当做最好的朋友看待了。

由于调解员利用了倾听的技巧，友善地疏导了暴怒客户的不满，尊重了他的人格，并成了他的朋友，于是这位原本很难对付的客户也变得通情达理了，自愿把所有该付的费用都付清了，矛盾冲突就这样彻底地解决了。

每个人都有他的长处和特点，倾听将使我们能取人之长，补己之短，同时防备别人的错误在自己身上出现，这便能使自己更加聪明。当你把注意力集中到倾听对方的时候，你便会很容易摆脱掉人们比较讨厌的“自我”的纠缠，这样你便会成为一个备受欢迎的谦虚的人。

出身寒门的曾林堂，是丰田汽车（中国）投资有限公司的副总经理。1980年，他加入加拿大福特销售公司。在当时的销售大厅里，曾林堂是唯一的一位中国人。这意味着，如果声誉坏了，大家就会口口相传“不要跟那个中国人买车”的话，他也就没办法在公司立足。因此，从上班第一天起，曾林堂就暗下决心：一定要建立自己在汽车行业的地位。

曾林堂发现，因为销售员的收入主要靠提成，所以他们太想把车卖出去了，结果常常还没有了解清楚顾客的需要，就跟顾客说“如果现在不马上买，明天就没有货了”，或者“价格就要变了”这样的话，很是让人反感。而曾林堂从第一天做汽车销售员开始，就是想帮顾客挑一辆他真正喜欢的车。

有一位农场主，当他第一次走进展厅时，曾林堂就感觉到他的挑剔。“不用多说了，再便宜些我就买了。”曾林堂还没有开始介绍车的配置、性能，这位农场主就开口提出要求。

曾林堂知道，这是因为农场主已经适应了其他销售员的销售方式。但他没有泄气，他通过不停地询问、倾听对方的需求、喜好，最终为农场主选择了一款真正满足他需要的车。第一笔生意就这样做成了。

以后，每逢来了新款车型，无论能否成功，曾林堂都会打电话告诉农场主。几年下来，这位农场主一家就在曾林堂手上买了十辆车，还给他介绍了许多顾客。

“如果一个销售员愿意在一家公司付出三年的时间，以后就会有客户源源不断地送上门来。”曾林堂这种设身处地为对方着想的倾听方式，给自己带来了声誉，同时，也成为他走向成功的通行证。

在快节奏的现代社会，一个想成功的人要做的事太多，整天疲于奔波，因此时间一长，性情也会变得急躁。要让他们倾听别人的谈话，似乎是一件很困难的事，甚至别人刚一启齿，还没等对方把话说到正题上，就予以否定，然后以十分武断的口气阐述自己的观点。这类人往往想通过这种看似利落的方式，以雄辩的口才显示自己的能力，给他人留下深刻的印象，但这样做的结果，表面上看好像达到了目的，事实上却得不到别人的认同，无法建立起真正的友谊，更不要说达到心灵的沟通了。

而实际上，真正取得辉煌成就的杰出人物往往都是善于倾听他人意见的。如果有人真的忙得无暇顾及倾听他人的意见，那么至少可以说，这个人不会合理地安排时间，或者可以说这个人心胸狭隘，听不进他人的意见，到头来只会落得个孤家寡人的处境。事实上，那些善于倾听别人意见的人总是朋友众多，因为人们总是喜欢与尊重别人、平易近人的人交往，这样也使得他们的事业有了更多人的支持和帮助，能更快更好地走向成功。

为他人戴上赞美之花

赞美作为一种交际行为和手段，能够激励人们不断进步，还可以沟通人与人之间的感情，能对人产生深刻的影响。学会巧妙地赞美他人，既能增进友谊，又能给自己带来好的人缘。

在生活中，人最不应当吝啬的就是赞美，因为赞美他人是一个人有修养的表现。一句赞美的话胜过几剂良药，能化解干戈，使人愉悦，正所谓“良言一句三冬暖，恶语伤人六月寒”。

我们常说赠人玫瑰，手留余香。的确，赞美是一种美德，它不需要付出很多的代价，却能给人一种无形的力量，足以让人鼓起勇气，建立自信。从某种角度来说，赞美是最好的鼓励，不仅能给对方带来好运，而且可以使自己心情舒畅，也能有效地改善人际关系。

在现实生活中，我们每一个人都曾得到过别人的赞美，也曾赞美过别人。其实无论是真诚地赞美别人还是得到别人真诚的赞美，都是一件很愉快的事情。

有位职员一直在为办公室的人际关系紧张而苦恼。她觉得在办公室里，同事间互相都不来往，各自忙着自己的事情，似乎相互间都有着很大的戒心，气氛十分沉闷。

她很希望改变这种状况，但是又不知道从何做起。一天，一位朋友告诉她说：你可以从现在开始，试着夸奖他人，经常说点称赞的话，比如“你今天气色很好”，“你的衣服真漂亮”，“这条裙子对你来说太合适了”等等。

她半信半疑地按朋友的话去做了，结果不久后她就发现，办公室的气氛完全变了样。大家都开始互相帮助，互相关心，在休息时有说有笑，甚至下班后都不想回家。在他们眼里，办公室好像有着一种无形的吸引力，而这一切的根本原因就在于多说了几句赞美的话。

威廉·詹姆斯曾经说过，人性的根源有一种被人肯定、称赞的强烈愿望，这是人和动物的最大不同点。给他人以赞美，也会让自己收获很多。

人生有“三宝”：微笑、点头和赞美。微笑是最有力的沟通工具，它把快乐传递给遇到的每一个人；点头是激励人的秘密武器，它把满意传递给身边的每一个人；赞美是人生的“加油站”，它把美好传递给周围的每一个人。当你传递的是美好的东西时，回馈你的一定是同样的美好，这就是成功者的心态。

今天有人赞美你，赞美的不是你的本身，而是你的变化。因此，我们要尊重周围每一个人的言谈举止，因为人人都有值得钦佩的性格。别人身上的不足，正是我们本身存在的价值；别人身上的长处，正是我们要学习的地方。在现实生活中，只要用心就能发现他人的长处。只要真诚地赞美他人，就会看到一种神奇的力量。

洛克菲勒的成功秘诀就包括真诚的赞美。当年，他的合伙人爱德华在南美做砸了一宗买卖，使公司蒙受了100万美元的损失。洛克菲勒原本可以横加指责，但是，他没有那么做，因为他知道爱德华已经尽力了，于是他开始称赞：“棒极了！你保住了所有投资金额的60%，要知道，我们不可能每次都这么幸运。”

想受到别人的欢迎，得到别人的赞赏，这是人类的本性。在生活中，我们很少知道自己多么需要鼓励和赞美。其实，每个人都需要得到他人的赞许，才能建立自信。如果没有他人的赞许，我们就不知道自己在别人心目中的形象，也不知道如何增进与他人的友好关系。因此，我们需要时时留意他人值得敬佩和称赞的地方，然后坦诚相告。

一个人增强了自尊与信心，就会产生奇迹，你会突然觉得别人很可爱，别人也会变得亲切和蔼，更加愿意与你合作。你赞美别人，便使他感到自己得到了尊重，他就会喜欢你，愿意与你在工作和生活以及其他方面诚恳合作。

怀特太太雇了一个女佣，下个星期一女佣就要正式上班了。于是，怀特太太利用这段空余时间给她的前任雇主打了个电话：“您好，我是洛莉的现任雇主，我想了解一下她以前在您这里的情况。”让怀特太太大吃一惊的是，她听到的评语竟然是抱怨远远多于赞赏。

星期一很快就到了。怀特太太亲切地对洛莉说：“洛莉，前几天我给你的前任雇主打了个电话，她对你的评价很好。她说你为人可靠，对孩子非常细心，而且有一手好厨艺，但有一个小小的缺点，就是不太会收拾屋子。我觉得她的话并不完全可信，因为从你的穿着来看，你应该是个很整洁的人，所以我认为，你一定会把屋子收拾得干干净净，而且我们应该能够和睦相处。”

最后的事实证明，她们的确相处得很好，洛莉就像怀特太太说的那样，每天勤奋地工作，把屋子收拾得干干净净，有时甚至加班完成剩下的工作。

可以说，赞美他人是一种生活艺术，也是一种说话的艺术。赞美他人需要你具有敏锐的洞察力，需要你具有一颗善良公正的心，需要你具有宽广的胸怀和度量。

赞美他人能体现你无私的风度和崇高的道德修养。因为，任何一个人都有希望被他人关注和被他人赞美的渴望。任何人都希望自己的劳动得到社会的承认，得到别人的理解和尊重。

当你发现别人的某种优点和成绩并赞美他的时候，你就会觉得生活中的种种不快和矛盾都会春风化雨，烟消云散。这是因为大家都为你的真诚而感动，你自己也能得到更多的赞美。

在现实生活中，我们也经常看见这样的人，他们对别人的优点、长处熟视无睹，常常以自我为中心，不能包容别人小小的缺点，对他人说话尖酸刻薄，喜欢恶语伤人，这种人是忘记了“恶语伤人胜过刀枪”这句话。本来，赞美他人就是一种优良品质，既然赞美他人既能体现你的优良品质又能给他人以鼓励，我们何乐而不为呢？让我们学会赞美他人，用漂亮的语言去赢得他人对自己的尊重，用漂亮的语言为自己赢得好的人缘，也会为成功添砖加瓦。

有一种成功叫感恩

有人说，感恩是成功的第一步。不懂得感恩，心里就会有积怨，使人变得消极、痛苦，最终导致人脉涣散。当一个人懂得感恩时，他心里的怨气就将被化解，他就会感到快乐，就会充满力量。

成功学家安东尼指出，成功的第一步就是首先要存有一颗感激之心，时时对自己的现状心存感激，同时也要对别人为你所做的一切怀有敬意和感激之情。

史蒂文斯是一个程序员，在软件公司干了八年，却突然失业了。当时，他的第三个儿子刚刚降生，他感谢上帝的恩赐，同时也意识到，重新工作迫在眉睫。

终于有一天，他在报上看到一家软件公司要招聘程序员，待遇还不错。于是史蒂文斯揣着资料，满怀希望地赶到公司。应聘的人数超乎想象，很明显，竞争将会异常激烈。经过简单的交谈，公司通知他一个星期后参加笔试。

凭着过硬的专业知识，在笔试中，史蒂文斯轻松过关，两天后参加面试。他对自己八年的工作经验无比自信，坚信面试不会有太大的麻烦。然而，考官的问题是关于软件业未来的发展方向，这些问题，他从来没有认真地思考过。

通过这次面试，史蒂文斯觉得公司对软件业的理解令他耳目一新，虽然应聘失败，可他感觉收获不小，有必要给公司写封信表达谢意。于是他提笔写道："贵公司花费人力、物力，为我提供了笔试、面试的机会。虽然落聘，但通过应聘使我大长见识，获益匪浅。感谢你们为此付出的劳动，谢谢！"

这是一封与众不同的信，落聘的人没有不满，毫无怨言，竟然还给公司写来感谢信，真是闻所未闻。结果，这封信被层层上递，最后送到总裁的办公室。总裁看了信后，一言不发，把它锁进抽屉。

三个月后，新年来临，史蒂文斯收到一张精美的新年贺卡，上面写着：尊敬的史蒂文斯先生，如果您愿意，请和我们共度新年。贺卡是他上次应聘的公司寄来的。原来，公司出现职位空缺，他们第一个就想到了史蒂文斯。

这家公司就是美国微软公司。十几年后，凭着出色的业绩，史蒂文斯一直做到了副总裁。

成功人士能够在很长的时间里一直保持成功，很多人都认为是离不开其他人的帮助，包括“时运”。他们不断地向这些帮助表示感谢，并采取多种形式来感恩。相反，在一次成功之后就停滞不前的人，往往则是因为他们不会感恩。他们在主观或客观上切断了与曾经帮助过他们的人的联系，认为自己才是成功的唯一源泉。当他们因为更多地关注自我而孤立起来的时候，就丧失了创造力、丧失了人脉资源、丧失了取得更大的成功的机遇。

“霍金先生，卢伽雷氏症已经将你永久地固定在轮椅上，你不认为命运让你失去了很多的出路吗？”在一次学术报告后，一名记者对霍金提出这样的问题。霍金的脸上充满微笑，用他还能活动的三根手指，艰难地叩击键盘，显示屏上便出现了下面四行文字：

我的手指还能活动；

我的大脑还能思维；

我有终生追求的理想；

我有爱我和我爱着的亲人与朋友。

三根手指和一个能思维的大脑是霍金身上唯一能活动的部件。这个智慧的英雄除了他超人的意志之外还靠的是爱，靠的是高科技。没有爱他的人的照顾，卢伽雷氏症是不会让他活到今天的，也许他在生病之初就与世长辞了。霍金说，成功的喜悦，胜利的光环，常常会令人忘乎所以，但是，我们永远不应该忘记那些帮助过自己的人。这个完全可以骄傲地面对人生的人，在回答完那位记者的提问后，又艰难地打出了第五句话：“对了，我还有一颗感恩的心！”

事实的确如此，一种感恩的心态可以改变一个人的一生。当我们清楚地意识到没有任何权力要求别人时，我们就会对周围的一切都怀有强烈的感恩之情，就会更加珍惜自己拥有的一切，就会竭力做好手中的工作，这样我们也就在这种感恩之心的陪伴下将事业做得更出色，从而取得更大的成功。

做个宽容的人

世界上最宽阔的东西是海洋，比海洋更宽阔的是天空，比天空更宽阔的是人的胸怀。宽容是一种善待生活、善待别人的境界，能陶冶人的情操，带给人心理上的宁静和恬淡，使自己的心灵得到慰藉与升华。

屠格涅夫说得好："不会宽容别人的人，是不配受到别人的宽容的。"宽容不仅是一种社交的艺术，更是一种做人的度量和伟大的品格。要追求成功，一定要学会凡事包容。

有一位部门经理，有一次外出时丢失了手提包，里面除了一些钱物，还有公司的公章和票据。当她既内疚又担心地站在总经理面前讲完所发生的事情后，总经理笑着说："我再送你一只手提包好吗？你以前的工作一直非常出色，公司早就想对你有所表示，但一直没有机会，现在机会终于来了。"

那位没有暴跳如雷的总经理，用宽容的态度处理了这件事，使部门经理心怀感激，后来任凭其他公司用多么优厚的待遇聘请她，这位部门经理都不为所动。

有人说宽容是一种美德，它像催化剂一样，能够化解矛盾，使人能和睦地相处。而想要成功的人一定要具备宽容的品格，这样才能顺利地经营一生。如果心胸狭隘，凡事都放在心上而不能释怀，那也不会有太大的作为。

一位脱口秀主持人针对克林顿的妻子希拉里写的自传作出了辛辣的评价："它不可能卖得好，我敢打赌，如果超过一百万本，我就把鞋子吃下去。"

可能是上天往往喜欢捉弄把话说绝的人，希拉里的自传没过几个星期就卖了一百万本。这下，主持人该品尝鞋子的味道了。

没错，他的确吃鞋子了。不过，鞋子的质地不同寻常，主持人吃下的是希拉里特意为他定做的鞋子形状的蛋糕。那味道一定棒极了，因为它里面加了一种特殊的调料——宽容。

面对主持人的嘲讽，希拉里并没有给以猛烈的回击或等着看他吃鞋子，而是用一种幽默宽容的方式巧妙地化解了这场矛盾。希拉里因宽容而更加让人敬佩，蛋糕鞋子因宽容而更加美味可口。

生活的经历告诉我们，宽容是一种豁达的风范，也许只有拥有一颗宽容的心，我们才能笑对自己的人生。宽容也是一种幸福，我们饶恕别人，不但给了别人机会，自己也取得了别人的信任和尊敬。宽容更是一种财富，这是一笔易于拥有的财富，它在时间推移中升值，会把精神转化为物质。它还是一盏绿灯，帮助我们在工作中通行。

乔治是一家公司的人力资源主管，上任的第一件事情就是为公司企划部招聘一名设计师。因为是著名的广告公司，招聘广告一打出就有近百名求职者报名。两轮测试下来，选出了三个人进入第三轮。第三轮测试是最后的定夺，于是，朋友征求老总的意见。

老总设计了一种新颖的测试方法。让三位决赛者每一位都评价自己和其他两人的作品，并写出相关的评语。

最终的应聘结果是由老总决定的，一位给自己的作品 70 分，给两位对手 80 分和 90 分的设计师成了最终的胜利者。乔治以为老总欣赏的是对方谦虚的美德，其实，老总所欣赏的是这位设计师的客观和宽容。

从才气和专业知识上来看，虽然这位设计师在三位决赛者中的确不算是最优秀的，但他能从前两轮测试中脱颖而出，意味着他专业知识的基础关已经过了。第三轮决赛主要是测试一个人认识自我的能力以及他够不够公正，够不够大气，能不能客观地看待自己和他人的能力，是否具有宽阔的胸襟以及是否懂得欣赏对手，包容对手。

古今中外，很多在事业上有建树的人都有着让人钦佩的美德，那就是宽容，也许就是这种宽容，才使他们赢得了人心，获得了成功。

以拿破仑为例，拿破仑在长期的军旅生涯中养成了宽容的美德。作为全军统帅，批评士兵的事经常发生，但每次他都不是盛气凌人的，而是能很好地照顾士兵的情绪。士兵往往对他的批评能欣然接受，而且充满了对他的热爱与感激之情，这大大增强了他的军队的战斗力和凝聚力，使之成为欧洲大陆的一支劲旅。

在征服意大利的一次战斗中，士兵们都很辛苦。拿破仑在夜间巡岗查哨的过程中，发现一名巡岗士兵倚着大树睡着了。他没有喊醒士兵，而是拿起枪替他站起了岗。大约过了半小时，哨兵从沉睡中醒来，他认出了自己的最高统帅，十分惶恐。

拿破仑却不恼怒，他和蔼地对哨兵说："朋友，这是你的枪，你们艰苦作战，又走了那么长的路，你打瞌睡是可以谅解和宽容的，但是目前，一时的疏忽就可能断送全军。我正好不困，就替你站了一会儿，下次一定要小心。"

拿破仑没有破口大骂，没有大声训斥，没有摆出元帅的架子，而是语重心长、和风细雨地批评士兵的错误。有这样大度的元帅，士兵怎能不英勇作战呢？如果拿破仑不宽容士兵，那只能增加士兵的反抗意识，丧失他本人在士兵中的威信，削弱军队的战斗力。

鲍勃·胡佛是个有名的试飞驾驶员，时常表演空中特技。

一次，他从圣地亚哥表演完后，准备飞回洛杉矶。不料在300英尺的高空，两个引擎同时出现故障。幸亏他反应机敏，控制得当，飞机才得以降落。虽然无人员伤亡，飞机却已面目全非。紧急降落后，胡佛做的第一件事就是检查飞机用油。正如他所料，那架螺旋桨飞机装的是喷射机用油。那位负责保养的年轻机械工人，早已为自己犯下的错误惶恐不已。

出人意料的是，胡佛并没有责备那个机械工人，而是伸出手臂围住工人的肩膀说："为了证明你不会再犯错，我要你明天帮我修护F-51飞机。"面对如此宽容，那位年轻的机械工人泪流满面。

宽容是一种艺术，宽容别人，不是懦弱，更不是无奈。在短暂的生命里学会宽容别人，能使生活中平添许多快乐，使人生更有意义。有了宽容，我们就能更从容地面对身边的一切。宽容他人，也是宽容自己，更能让他人因我们的宽容而感动，从而帮助、支持我们，让我们在走向成功的路上拥有坚强的后盾。

培养自制力，懂得自我约束

成功的心态始于理想，成功的行动始于自制。无论你有怎样的成功心态，都不能忽视自制的力量。这种力量就像最好的监督官，时刻提醒你的行为。如果没有了自制，不懂得自我约束，想要成功几乎是不可能的。

很多人会发现这样一个现象，那就是用了同样的努力，有人成功了，有人却失败了。他们可能都知道成功的途径，但他们之间有一个主要的不同在于，成功者总是约束自己去做正确的事情，而不成功的人总是容忍自己感情用事。

心理学家经过长期研究认为，一个人的成功不仅要靠智商，更要靠情商。情商的要素之一就是人的自控能力。在成功者看来，每个人必须具有自我约束的能力，不让别人用次要的计划或无关的事情拉你离开主轨道。我们必须有自我约束的能力，保持头脑不受种种杂念的干扰，不去想还有什么其他事应当去做等从各方面不断轰击我们头脑的杂念。因为，自我约束、专心致志，是通向成功的必经之路。

对于自制来说，很重要的一个方面就是不能放纵自己的欲望。为了寻求当下的满足，而以牺牲未来为代价，这会对你的事业造成无法弥补的损失。拿破仑·希尔曾对美国各监狱的 16 万名成年犯人作过一项调查，他发现这些男女犯人之所以沦落到监狱中，有 90% 的人是因为缺乏必要的自制。自制力不强，不但给他人和社会带来了伤害，自己也受到惩罚，受到了法律的制裁。

自制作为一种成功必备的品质，往往能使一个人从渺小走向伟大，从平庸走向成功。

要做到自制，关键的一点就是多考虑行动的后果，要让眼前的行动和长远的利益一致，妥善处理两者的关系。一个自制力强的人，他的行为并不是听任欲望支配的，他有自己的信念、价值和目标，这些才是他判断行动与否的准则。而自制力不强的人则恰恰相反，他们对自己的行为没有周全的考虑，想做什么就去做什么，结果给自己带来了不可估量的影响。

马斯是美国一家知名公司某部门的负责人，事业前景一片光明，但就在一天下午，他犯了一个无法挽回的错误——擅自离岗半小时，并由此影响了他的一生。

那段日子，公司的业务不多，他每天只需一两个小时就处理完了，剩下的时间似乎就只能坐在办公室里无所事事了。但因为公司有严格的劳动纪律，所以他还是每天按时上下班。

那天下午，他实在是经不住正如火如荼进行的欧洲杯足球赛的诱惑，等处理完所有的事情后，他便偷偷地离开办公室，找到一个有电视的房间，尽情地欣赏起自己喜爱的球队的精彩比赛。

半小时后，他带着惬意，匆匆赶回自己的办公室，似乎一切正常。突然，他被桌子上的一张纸条惊呆了，那上面写道："马斯先生，既然你那么喜欢足球，我看你还是回家尽情地去欣赏好了。"下面是他熟悉的签名——本公司老板威廉·亨特。

原来，马斯刚刚离开办公室十分钟，很久不曾到下面各部门走动的老板很随意地走进了他的办公室，并在他的办公桌前坐了十分钟，却一直不曾见到他的影子。于是，老板动怒了，毅然辞掉了这个很有潜能的中层管理者。

中年失业的马斯后来又辗转应聘了几家公司，但始终未能找到合适的位置，收入每况愈下，生活日渐潦倒。后来，竟长时间失业在家。马斯只能借酒消愁，深深地懊悔当年的那次擅自离岗。

如果一个人没有自我控制能力，那么他就会缺乏忍耐精神，也就会缺乏机智，他就既不能管理自己也不能驾驭别人。正是因为忍耐和自我控制，真正的英雄品质才臻于完美。强硬的性情并不必然是坏的性情，但是，性情越强硬，就越需要忍耐和自我控制。

华盛顿是一位伟人，其伟大的人格在历史上极负盛名。他的伟大其实就得益于他的自制。他对自我情感的克制能力，即使在最困难和最危险的时刻，也是非常强大的，以至于那些不大了解他的人都有这种清晰的印象：他似乎天生就是一个心平气和、镇定自若的人。但是，华盛顿本人其实是性情急躁的，他的温和、文雅、礼貌以及处处为他人着想的品质都是他严格自制的结果，他的这种自我控制的训练在他还是孩子的时候就开始了。

华盛顿的传记作家这样评价华盛顿："他热情奔放，极富激情，在他所经历的许多充满诱惑和激动人心的时刻，是他不懈的坚持和自我控制的努力，使他最终抵制住诱惑，克制住激情。他的激情如此强烈，以至于有时这种强烈的激情能猛烈地爆发出来，但是，他能在瞬间克制住这种强烈的激情。也许自我控制是他最优秀的性格特征，这是由于训练的结果。但是，在某种程度上，他似乎在本性上就拥有这种其他人所不具备的魅力。"

自制是一种难得的美德，有自制力才能抓住成功的机会。因为，成功的最大敌人是自己，缺乏对自己情绪的控制，会把许多稍纵即逝的机会白白浪费掉。因此，成功者一般都认为，他们之所以成为强者，不是因为战胜对手，而是因为战胜了自己。只要有了一定的自制力，就会为自己的行为负责，也就更能把握成功的机会。

第三章

目标篇

目标是指向成功的灯

人有目标才会成功。大多数人无法达成他们的目标，其原因主要在于，他们从来没有真正定下生活的目标。如果一个人没有目标，就只能在人生的旅途上徘徊，永远到不了任何地方。可以说，要谈成功，最离不开的话题就是目标。

“眼睛所看着的地方就是你会到达的地方。”戴高乐这样说过。的确，如果说成功是一个广义的概念，那么目标就是这个广义概念中的最核心部分。要想把看不见的梦想变成看得见的事实，首要做的事便是制定目标，这是人生中一切成功的基础。因为目标会引导你的一切想法，而想法便决定了你的人生。

比塞尔是撒哈拉沙漠中的一个小村庄，它靠在一块1．5平方公里的绿洲旁，可是在1926年肯·莱文发现它之前，这儿的人没有一个走出过大沙漠。

肯·莱文作为英国皇家学院的院士，当然不相信这种说法。他用手语向这儿的人询问原因，结果每个人的回答都是一样：从这儿无论向哪个方向走，最后都还是要转到这个地方来。为了证实这种说法的真伪，他做了一次实验，从比塞尔向北走，结果三天半就走了出来。

肯·莱文非常纳闷比塞尔人为什么走不出来，最后他只得雇了一个比塞尔人，让他带路，看看结果到底如何。他们带了半个月的水，牵上两匹骆驼，肯·莱文收起指南针等现代化设备，只拄了一根木棍跟在后面。

十天过去了，他们走了数百英里的路程。第11天的早晨，一块绿洲出现在眼前——他们果然又回到了比塞尔。这一次肯·莱文终于明白了比塞尔人走不出沙漠的原因是因为他们根本不认识北斗星。

在一望无际的沙漠里，一个人如果凭着感觉往前走，他会走出许许多多大小不一的圆圈，最后的足迹十有八九是一个卷尺的形状。比塞尔村处在浩瀚的沙漠中间，方圆上千公里没有一点参照物，如果不认识北斗星又没有指南针，想走出沙漠，确实是不太可能的。

肯·莱文在离开比塞尔时，带了一位叫阿古特尔的青年，这个青年就是上次和他合作的人。他告诉这位小伙子，只要白天休息，夜晚朝北面那颗最亮的星走，就能走出沙漠。阿古特尔跟着肯·莱文，三天之后果然来到了大漠的边缘。

其实，现实中很多的成功都像上面这个小故事所表述的那样——许多时候仅有热情和能力是远远不够的，最重要的是要选准成功的方向，只要朝着非常明晰的方向努力，就一定会走出荒漠，找到希望的绿洲。

企业家狄克出身贫寒，家境穷困潦倒。在从商以前，他曾是一家酒店的服务生，每天的工作就是替客人搬行李、擦车。

有一天，一辆豪华的劳斯莱斯轿车停在酒店门口，车主人吩咐："把车洗洗。"狄克那时刚刚中学毕业，还没有见过世面，从没见过这么漂亮的车子，不免有几分惊喜。

他边洗边欣赏这辆车。擦完后，他忍不住拉开车门，想上去享受一番。这时，正巧领班走了出来："你在干什么？穷光蛋！"领班训斥道，"你不知道自己的身份和地位吗？你这种人一辈子也不配坐劳斯莱斯！"

受辱的狄克从此发誓："这辈子我不但要坐上劳斯莱斯，还要拥有自己的劳斯莱斯！"他决心强烈，把这当成了自己人生的奋斗目标。

多年以后，当他事业有成时，拥有的已经不止是一部劳斯莱斯轿车了。

可见，如果狄克也像领班一样认定自己的命运，那么，也许今天他还在替人擦车、搬行李，最多做一个领班。而受辱的经历让他重新确立了人生的目标并为之努力奋斗，最终成就了自己。所以，没有确立明确的目标就谈不上成功，要想成功，首先就要知道自己想要的是什么。

正如空气对于生命一样，目标对于成功也有绝对的必要。如果没有空气，就没有人能生存；如果没有目标，就没有人能成功。一切成功都是从目标开始，目标是实现梦想的动力。一条没有航向的船，永远靠不了岸。一个没有目标的人，就只能在人生的旅途上徘徊，永远到不了目的地。

心理学家曾经做过这样一个实验：

组织三组人，让他们分别向着十公里以外的三个村子进发。

第一组的人既不知道村庄的名字，也不知道路程有多远，只告诉他们跟着向导走就行了。刚走出两三公里，就开始有人叫苦；走到一半的时候，有人几乎愤怒了，他们抱怨为什么要走这么远，不知道何时才能走到头，有人甚至坐在路边不愿走了。越往后，他们的情绪就越低落。

第二组的人知道村庄的名字和路程有多远，但路边没有里程碑，只能凭经验来估计行程的时间和距离。走到一半的时候，大多数人想知道已经走了多远，比较有经验的人说："大概走了一半的路程。"于是，大家又簇拥着继续往前走。当走到全程的四分之三的时候，大家的情绪开始低落，觉得疲惫不堪，而路程似乎还有很长。当有人说"快到了、快到了"的时候，大家又振作起来，加快了行进的步伐。

第三组的人不仅知道村子的名字、路程，而且公路旁每一公里都有一块里程碑，人们边走边看里程碑，每缩短一公里大家便多了一些快乐。行进中他们用歌声和笑声来消除疲劳，情绪一直很高涨，所以很快就到达了目的地。

心理学家由此得出了这样的结论：当人们的行动有了明确的目标并能把行动与目标不断地加以对照，进而清楚地知道自己的行进速度与目标之间的距离时，人们行动的动机就会得到维持和加强，就会自觉地克服一切困难，努力实现目标。

比尔原来只是美国一家软件公司的普通职员。从他大学刚毕业走进公司的第一天起，他就为自己定了一个目标：用两年的时间当上产品开发部的经理。从那天起，"部门经理"这四个字对他来说就像一面旗帜，他没有一天不按部门经理的标准来要求自己。

比尔的准备是辛苦的，他往往要比其他职员多做许多工作，休息时也还要参加许多相关专业的培训课程。目标真是一个奇妙的东西，它使比尔每天都被疯狂的工作激情驱使着。虽然有些累，但劳累过后，看看自己的业绩，他便体会到幸福和快乐。

不到一年，比尔就被提拔到了主管的岗位。这样一来，他工作起来更加努力了，虽然为此他牺牲了许多娱乐和休闲的时间，但因为有了目标，他感觉不到工作的劳累，相反却把它当做一种享受。

他的工作能力和工作业绩不断得到公司总裁的肯定，在当上主管不到半年的时间里，就再次被提升为部门经理，成了公司里提拔最快又最年轻的经理。很快，他又给自己制定了下一个目标——产品总监。

可以说，设定的目标只要对自己有足够的吸引力，再加上必然能够实现的信念，成功就指日可待。

专一是成功的必备条件

成功需要专一的心态，但很少有人能做到专一。面对诸多诱惑，人们很容易改变最初的想法。而要想获得成功，就请记得“专一”二字并踏实地履行吧。

安德鲁说过，一个人应当一次只想一件东西，并持之以恒，这样便有希望得到它。但是有人却什么都想，结果是什么也抓不着。

有很多人很聪明，但却是一事无成，其中很重要的一个原因就是做事不够专一。这样的人脑子很聪明，什么事都能够很快做好，但往往缺少对事物深层次的研究和探索。这样的人在做事的过程中往往容易被身边的其他事情吸引，精力容易分散，在他的脑子里就有很多事，什么事都有印象，但却什么事都不是很精通和熟练，导致最终的结果就是一事无成。只有专心做一件事，才能把握成功的方向，才能不断进步。

巴斯德是法国微生物学家和化学家。他对工作的认真态度和对问题追根究底的精神是非常令人敬佩的。

他总喜欢在生活中为自己寻找难题，有一次，他突发奇想，对酸牛奶的形成产生了兴趣。他不时地拿起桌子上的一瓶酸牛奶，凝神思索着：酸牛奶的发酵，是由于化学变化呢还是由于微生物的作用呢？当时，世界上的人没有一个能回答这个问题。

为了解决这个问题，他终日将自己关在一个小而闷热的实验室里，房间内四处堆满了实验用的瓶子、玻璃管、蒸馏器、煤气灯、烘炉和各种气味难闻的化学药品。由于他终日沉迷在实验当中，他的手经常是脏的，额头也因为常常用手摸擦而变得污黑，他的衣服更是布满了污垢。他时而呆立不动，时而狂奔疾走，时而喃喃自语。见了他的人都说：巴斯德疯了。

巴斯德却坚定地对自己说："揭开这个谜，对推进科学的发展是多么重要啊！难道就没有办法找出答案吗？一定有一种方法的，我一定要找出来不可。"

不知经历了多少个不眠之夜，巴斯德一直废寝忘食地进行着他的实验。终于有一天，被人称为疯子的巴斯德发出了爽朗的笑声：我成功了！他用有力的科学实验证明了：酸牛奶的发酵是由于微生物的作用，而不是化学作用。

一个人往往会有许多目标，但是，如果你想成功，你就得锁定一个目标并努力去实现这个目标。好猎人只追一只兔子，如果猎人面前有好几只兔子，他就不能专心地去追捕一只兔子，而是一会儿追这只，一会儿追那只，也许最后他一只兔子也追不着。

法国著名作家巴尔扎克年轻的时候，曾经营过出版印刷业，但由于经营不善，他的企业破产了，并欠下了巨额债务。债权人经常半夜来敲他的家门，警察局发出通辑令，要立即拘禁他。那时的巴尔扎克居无定所，后来实在没有办法，在一个晚上，他偷偷地搬进了巴黎贫民区的一间小屋里。

他隐姓埋名，躲进这间不为外人所知的小屋子里，周围的难民根本没有注意到这位有些落魄却踌躇满志的年轻人。他从原先浮躁不安的心绪中平静下来，坐在书桌前，认真地反思着——多年以来，自己一直游移不定，今天想做这个，明天又想改行做别的，始终没有集中精力来从事自己最喜欢的文学创作。

突然间，他想明白了，他从储物柜里找出拿破仑的小雕像放在书架上。他想，拿破仑想用武力征服全世界，他没做到，而我却要用笔征服全世界。后来的事实也证明，他成功了。

可见，人要专心致志，一心一意地做事情，不要今天想当银行家，明天又想做工程师，后天又想成为艺术家。三心二意的结果是你最终将无所适从，一事无成。

法国作家莫泊桑，很小的时候便表现出了出众的聪明才智。只要是他读过的书，不管是什么人什么时候问起，他都能够倒背如流。而且他爱好广泛，不但热爱读书、写诗作文，还喜欢踢足球、弹钢琴、修理汽车、去烧烤店学习制作技术，甚至是去乡下种菜，这些都是他热衷做的事情。

有一天，莫泊桑跟舅父去拜访好友、著名作家福楼拜。莫泊桑的舅父想将他推荐给福楼拜，让他做莫泊桑的文学导师。可是，莫泊桑却淡淡地问福楼拜究竟会些什么。福楼拜反问莫泊桑会些什么，莫泊桑得意地说：“我什么都会，只要你知道的，我就会。”

福楼拜不慌不忙地说：“那好，你就先跟我说说你每天的学习情况吧。”

莫泊桑自信地说：“我上午用两个小时来读书写作，再用两个小时来弹钢琴，下午则用一个小时的时间向邻居学习修理汽车，用三个小时来练习踢足球。晚上，我会去烧烤店学习怎样制作烧鹅，星期天则去乡下种菜。”

说完后，莫泊桑得意地反问道：“福楼拜先生，您每天的工作情况又是怎样的呢？”

福楼拜笑了笑说：“我每天上午用四个小时来读书写作，下午用四个小时来读书写作，晚上，我还会用四个小时来读书写作。”

莫泊桑不解地问：“难道您就不会别的了吗？”

福楼拜没有回答，而是接着问：“我还想问问，你究竟有什么特长，比如有哪样事情你做得特别好的？”

这下，莫泊桑答不上来了，于是，他反问福楼拜：“那么，您的特长又是什么呢？”

福楼拜说：“写作。”

原来，特长便是专心地做一件事情。人心是块田，你种下什么，便会长出什么。但如果你将各种作物统统种在一块田里，那将什么也长不出来。只有选择一颗适合自己的种子，并日积月累地以汗水浇灌，才能培育出成功的果实。

做适合自己的事

不管你是腰缠万贯还是一贫如洗，不管你是达官显贵还是一介草民，只要所做的是自己所喜欢的，你就会全身心地投入，就会体悟到其中的乐趣，就会使自己走向成功，获得幸福。

可以毫不夸张地说，人生的成功，在很大程度上取决于自己对强项和弱项的抉择。每个人都有自己的强项和弱项，如果抱着自己的弱项不放，那就荒废了自己的强项。

成功学者的看法是，我们不可以一味盲目地跟风，模仿别人，把别人对你的看法看得太重，从而压抑自己。其实在很多时候，我们大可显现出真正的自我。我们要提醒自己，别人眼中的成功不一定会使自己快乐，我们完全可以尝试成功与快乐的滋味，并且，设定自己的成功标准。

那些仅仅追求外在成功的人实际上是没有自己真正喜欢做的事的，他们真正喜欢的只是名利，一旦在名利场上受挫，内在的空虚就暴露无遗。而成功者的看法大多是，把自己真正喜欢做的事做好，尽量做得完美，让自己满意，这才是成功的真谛。

有个男孩子出生在一个贫穷的犹太人家里。他的性格十分内向、懦弱，没有一点男子汉气概，非常敏感多愁，总是觉得周围环境对他产生压迫和威胁，防范和逃避的想法在他心中可谓根深蒂固。

因此，男孩的父亲竭力想把他培养成一个标准的男子汉，希望他具有风风火火、宁折不弯、刚毅勇敢的性格。

在父亲那粗暴、严厉而又很自负的培养下，他的性格不但没有变得刚烈勇敢，反而更加懦弱自卑，并从根本上丧失了信心，致使生活中每一个细节、每一件小事，对他来说都是一个不大不小的灾难。他在困惑痛苦中长大，整天都在察言观色。常独自躲在角落里悄悄咀嚼受到伤害的痛苦，小心翼翼地猜度着又会有什么样的伤害落到他的身上。看他的那个样子，简直就没出息到了极点。

看来，懦弱、内向的他，即使想要改变也改变不了。因为他的父亲作过很多努力，可是根本无济于事。

然而，令人们始料未及的是，这个男孩后来却成了20世纪上半叶世界上最伟大的文学家之一，他就是奥地利的卡夫卡。

卡夫卡的成功在于他找到了适合自己穿的鞋，他内向、懦弱、多愁善感的性格，使他很适合从事文学创作。在这个他为自己营造的艺术王国中，在这个精神家园里，他的懦弱、悲观、消极等弱点，反倒使他对世界、人生以及命运有了更尖锐、敏感和深刻的认识。在作品中，他把荒诞的世界、扭曲的观念以及变形的人格，解剖得更加淋漓尽致，从而给世界留下了许多不朽的巨著。

的确，人的性格是与生俱来不可随意硬性逆转的，就像我们的双脚，脚的大小无法选择。因此，抱怨双脚是没用的，还是去选择一双适合自己的鞋才是明智的做法。

比尔·盖茨说："做自己喜欢和善于做的事，上帝也会助你走向成功。"从成功心理学的角度来看，判断一个人是不是成功，最主要的是看他是否最大限度地发挥了自己的优势。科学家通过研究发现，人类有400多种优势。这些优势本身的数量并不重要，最重要的是你应该知道自己的优势是什么，然后将生活、工作和事业发展都建立在你的优势之上，这样才会离成功越来越近。

有选择的眼光，有放弃的勇气

很多优秀人士的成功，首先得益于他们充分了解自己的长处，根据自己的特长来进行定位或重新定位。有了明确的想法并为之付出行动，放弃不切合实际的做法，这才是明智的选择。

在这个世界上，通向成功的道路可以说有无数条，但要记住：所有的道路，不是别人给的，而是自己选择的结果。所以，你有什么样的选择，也就有了什么样的人生。

在我们所处的这个世界里，无论是成功者还是失败者，他们之间一个重要的区别就是对人生之路选择的差别。选择就是给自己寻找前进的方向，选择就是为自己的人生把握方向。只有选择，人生才能描绘出多姿多彩的壮丽篇章。

在苏联，有这样一个男孩，他在16岁的时候打定主意要加入克格勃。于是，他跑到列宁格勒（现圣彼得堡）的克格勃办事处。一位官员告诉他，他们只收大学毕业生和复员军人，大学毕业最好是学法律的。因此，男孩决定报考列宁格勒大学的法律系，以便日后加入克格勃。

大学入学考试时，柔道教练力举他去报考列宁格勒金属工厂附属高等技术学校。根据他的成绩，他可以免试被保送，还能免服兵役。

柔道教练特意约见了男孩的父母，父母听了也有些动心，原先支持他考大学的想法也开始动摇，于是他们一起做孩子的工作。

男孩陷入了“两面夹击”的境地：训练场上，教练劝他，回到家里，父母也劝他。但是这个男孩太想加入克格勃了，他说：“我就是要报考大学，就这么定了……”

“万一考不上，你就得去当兵。”

“没什么可怕的，”他坚定地回答，“当兵就当兵。”

服兵役就会推迟加入克格勃，但总的来说，并不妨碍他实现自己的人生计划。

后来，这个男孩如愿以偿地考上了列宁格勒大学法律系，毕业后加入了克格勃，他的人生也由此跨入了一个决定性的新阶段，他就是俄罗斯现任总统普京。

普京的经历让人想起美国前总统老布什说过的一句话："命运不是运气而是选择；命运不是思想，更重要的是去做；命运不是名词而是动词；命运不是放弃而是掌握。"在人生旅途中，我们总会面对许多关口，每个关口都需要作出自己的抉择，如果屈从于他人的意志和准则，随波逐流，那永远也到不了理想的彼岸。

阿西莫夫是一个科普作家，同时也是一个自然科学家。一天上午，他坐在打字机前打字的时候，突然意识到："我不能成为一个第一流的科学家，却能够成为一个第一流的科普作家。"于是，他几乎把全部精力都放在科普创作上，终于成了当代世界上著名的科普作家。

这世界上的路有千条万条，但最难找到的就是适合自己走的那条。每个人都应该努力根据自己的特长来设计自己未来的方向，量力而行。根据自己的环境、条件、才能、素质、兴趣等，确定前进的方向。不要埋怨环境与条件，而要努力寻找有利条件；不能坐等机会，而要自己创造机会。

作为一个想要早日品尝到成功果实的人，不仅要善于观察世界，善于观察事物，也要善于观察自己，了解自己。每个人都应该尽力找到自己的最佳位置，找准属于自己的人生跑道。

从最近目标开始，一步步走向成功

成功离不开目标，但不是不切实际的目标。很多时候我们无法实现远大的目标，这是因为有些条件还没有完全具备，但是只要踏踏实实地从最小的目标开始做起，就能最终到达成功的彼岸。

成功离不开的是目标，但成功的最佳目标往往不是最有价值的那个，而是最有可能实现的那个。在制定目标时，我们不能贪大求多，而要根据自身的条件，尽量合理地制定最符合实际的目标，也就是说目标要和自身情况相匹配，否则不但不会成功，还会让过高的目标压得自己喘不过气。

一位青年懊恼地去找一位智者。

他大学毕业后，曾豪情万丈地为自己树立了许多目标，可是几年下来，依然一事无成。他找到智者时，智者正在河边的小屋里读书。

智者微笑着听完青年的倾诉，对他说："来，你先帮我烧壶开水。"青年看见墙角放着一把极大的水壶，旁边是一个小火灶，可是没发现柴火，于是便出去找。他在外面拾了一些枯枝回来，然后将满满一壶水放在灶台上，在灶内放了一些柴火便烧了起来，可是由于壶太大，那捆柴火烧尽了，水也没烧开。

于是他跑出去继续找柴火，回来时那壶水已经凉得差不多了。

这回他学聪明了，没有急于点火，而是再次出去找了些柴火。由于柴火准备得足，水不一会儿就烧开了。

这时，智者问他："如果没有足够的柴火，你该怎样把水烧开呢？"青年想了一会儿，摇摇头。

智者说："如果那样，就把水壶里的水倒掉一些。"青年若有所思地点了点头。

智者接着说："你一开始踌躇满志，树立了太多的目标，就像这个大水壶装的水太多一样，而你又没有足够的柴火，所以不能把水烧开。要想把水烧开，你或者倒出一些水，或者先去准备柴火。”青年顿时大悟。

回去后，他把计划中所列的目标划掉了许多，只留下最近的几个，同时利用业余时间学习各种专业知识。

几年后，他的目标基本上都实现了。

因此说，目标不在高远，而在切合实际，只有删繁就简，从最近的目标开始，才会一步步走向成功。

维斯卡亚公司是美国20世纪80年代著名的机械制造公司，其产品销往全世界，并代表着当时重型机械制造业的最高水平。许多人毕业后到该公司求职都遭到拒绝，原因很简单，该公司的高等技术人员爆满，不再需要各种高技术人才。但是令人垂涎的待遇和足以自豪、炫耀的地位仍然向那些有志的求职者闪烁着诱人的光环。

詹姆斯是某知名大学机械制造业的高才生，和许多人的命运一样，在该公司每年一次的招聘会上，他的申请被拒绝了。但詹姆斯并没有死心，他发誓一定要进入维斯卡亚重型机械制造公司。于是，他采取了一个特殊的策略。

他先找到公司的人事部，提出为该公司无偿提供劳动力。承诺公司分派给他任何工作，他都会不计任何报酬地来完成。公司起初觉得这简直不可思议，但考虑到不用任何花费，也用不着操心，于是便分派他去打扫车间里的废铁屑。一年来，詹姆斯勤勤恳恳地重复着这种单调而劳累的工作。为了糊口，下班后他还要去酒吧打工。这样虽然得到老板及工人们的好感，但是仍然没有一个人提到录用他的问题。

1990年年初，公司的许多订单被退回，理由均是产品质量有问题，公司为此将蒙受巨大的损失。公司董事会为了挽救颓势，紧急召开会议商议解决办法。当会议进行一大半却尚未见眉目时，詹姆斯闯入了会议室，提出要直接见总经理。在会上，詹姆斯把问题出现的原因作了令人信服的解释，并且就工程技术上的问题提出了自己的看法，随后拿出了自己对产品的改造设计图。

这个设计非常先进，恰到好处地保留了原来机械的优点，同时克服了已出现的弊病。总经理及董事会的董事见到这个编外清洁工如此精明在行，便询问他的背景以及现状。詹姆斯面对公司的最高决策者们，将自己的意图和盘托出。经董事会举手表决，詹姆斯当即被聘为公司负责生产技术问题的副总经理。

原来，詹姆斯在做清扫工时，利用清扫工到处走动的特点，细心察看了整个公司各部门的生产情况，并一一作了详细记录，发现了所存在的技术性问题并想出解决的办法。为此，他花了近一年的时间搞设计，作了大量的数据统计，为最后实现目标奠定了基础。

作为年轻人，志存高远绝对没错，但是我们一定要在高远的目标与当前的现实之间找到一条切实可行的最佳路径。这条路径也许不能直接到达目标，但却是最快的。而这条路径上的每一个点，对于我们来说都应该是可能实现的。通过这条路径，我们可以一步步地实现自己的目标。

懂得放下，才能掌握当下

通往成功的路有很多，但由于种种原因，你只能选择一条。也许在最开始这不是你的所愿，但这也许是最适合你的。人生最明智的做法就是学会适时地放下，只有这样，才能更好地把握当下，把握成功。

人生有太多的可能，每个人都面临着多种多样的选择，而成功的人也是放弃了一些才得到了当下的成就。从某种意义上说，正确的选择等于成功。虽说选择的可能有多种，但只要选定了一种并为之付出，就能拥有不凡的成绩。

有这样一个女孩，她在音乐方面具有超高的天赋。小时候素有“神童”之誉的她，从小就跟着当小学音乐教师的母亲弹钢琴，4 岁时就开了第一次独奏音乐会。她不但学习成绩极其优秀，跳了两次级，而且还把网球和花样滑冰玩得特别出色。她在 16 岁时，进入丹佛大学音乐学院学习钢琴，她的梦想是成为职业钢琴家。

可是后来，出人意料地，她竟打起了“退堂鼓”，开始了崭新梦想的破冰之旅。原来，在著名的阿斯本音乐节上，她受到了打击。“我碰到了一些 11 岁的孩子，他们只看一眼就能演奏那些我要练一年才能弹好的曲子，”她说，“我想我不可能有在卡内基大厅演奏的那一天了。”

于是，她开始重新设计自己的未来并发现了新的目标——国际政治。“这一课程拨动了我的心弦，”她说，“这就像恋爱一样……我无法解释，但它的确吸引着我。”她从此转而学习政治学和俄语，并找到了她一生追求的事业。

这个美国女孩名叫康多莉扎·赖斯，被媒体称为华盛顿“最有权力的女人”。美国《福布斯》杂志曾评出世界 100 位具有最大影响力的女性，赖斯名列榜首。

可以说，没有什么比亲手埋葬自己的梦想更让人痛心的。别人越觉得不可思议，也越发沉淀出赖斯难得的清醒和独立的判断：人最可贵的不是发现自己的优点，而是能够精确地发现自己的缺点并使之改进，不让它成为人生的障碍。如果赖斯执著于职业钢琴家的梦想，也许最后只能成长为一位钢琴匠而不是钢琴家。正是可贵的“退堂鼓”，让她找到了人生的支点，获得了美丽的新生。

艾戈尔是德国汉堡的自由职业画家，当年从法国来到德国时，为了绘画艺术，他整天饿着肚子，吃尽万般苦头，梦想着有朝一日能出人头地成为有名的画家。然而，经过数年努力，历经痛苦挣扎，却仍然事与愿违，一张又一张呕心沥血创作的油画无人问津，自己仍是个口袋空空的落魄艺术家。这时，他才意识到，自己的想法和做法不切实际，必须换个前进的方向，找到一种适合自己的生存方式，才能实现当名画家的理想。

艾戈尔经过观察发现，德国一般的传统家庭，都很注重每天全家在一起的聚餐，并以此作为亲情交流沟通的美好时光。为了营造共进晚餐时的气氛，虽然食品简单得可能只是些面包、果酱和香肠，但场面绝对要高贵典雅。最富特色的晚餐都要铺上艺术餐巾纸，并根据不同的天气、当天的幸运色以及不同的节日来挑选合适的艺术餐巾纸。若是品东方茶，就配上东方茶具和绘有东方图案的餐巾纸。而如果喝咖啡，则垫上印有咖啡豆的餐巾纸。因此，在德国，十张一包的艺术餐巾纸的价格一般都在 4–5 欧元左右，而且销售行情很好。

这时，艾戈尔有了自己的想法，并开始决定改变自己艺术追求的方向。他成立了自己的餐巾纸设计公司，将法国人的浪漫充分体现在自己的纸巾设计作品中，将德国人的严谨应用到他的企业管理中。

经过十几年的努力，艾戈尔终于从一个食不果腹的自由职业画家，成功地转型为一位设计师，尤其在艺术餐巾纸的设计和销售方面，更是声名远扬。现在，他正在考虑如何实现多年来想当一名著名画家的梦想，还想建立一个属于自己的博物馆，将他设计的所有艺术餐巾纸陈列出来，供人参观、收藏。

在实现目标的努力中，很多时候，除了顽强的斗志和不懈的奋斗外，更需要正确的方向。一味蛮干，只顾低头拉车，不抬头看路，也许永远到不了自己的目的地。

准确地进行自我定位

世界潜能大师博恩·崔西说:“成功等于目标，其他都是这句话的注解。”拿破仑·希尔也说:“成功是值得追求的目标。”这些都说明目标对于成功的意义。但是需要注意的是，目标不是随心所欲的，而要切合自身实际。

很多时候,我们朝着选准了的方向前进,努力了,奋斗了,付出了,可始终没能到达目的地。此时，我们可能会埋怨外部环境,埋怨人情世故,埋怨老天不公,可是低下头看看,其实是我们自己所站的位置不对。

在地球的最北端,是一片茫茫的雪原,因此保持行进路线方向的正确是最重要的事情之一。可是,在这到处是白色的荒地里没有任何形式的路标,探险家只能相信他们携带的测量仪器。

探险队员们每走一个小时都要停下来查看一下地图,并为下一步的探险绘制详细的行走路线。然而，就在他们走出营地几个小时之后,突然发现了一个奇怪的现象:当他们停下来读取测量仪器上的数据时,惊奇地发现,尽管他们准确无误地朝着北极方向进发，可是离极点的距离却越来越远。

队员们没有多想,认为这只是一次误测,所以没有犹豫,继续朝前进发，可是在下一次读取数据时,他们再次发现离北极点更远了。尽管他们准确无误地沿着既定的路线前进,也始终保持着正确的方向,可他们还是离极点越来越远。

大家莫名其妙。最后,他们终于发现,原来他们踏上了一座正在向南漂移的巨大冰川,冰川向南漂移的速度比他们向北行进的速度要快。他们做的每一件事都是完全正确的,可脚下却踏错了地方。

在错误的位置上是很难走出正确的道路的,不管你多么勤奋和坚持。所以说,在选定方向之前,一定要先看清脚下的位置，选择一条最适合自己的道路，这样才能走得更稳，也就能更快地走向成功。

法国少年皮尔从小就喜欢舞蹈，他的理想是当一名出色的舞蹈演员。可是，因为家境贫寒，维持基本生活都非常艰难的父母根本拿不出多余的钱来送皮尔上舞蹈学校。皮尔的父母不得不将他送到一家缝纫店当学徒工，希望他学一门手艺后能帮家里减轻点经济负担。

每天在缝纫店工作十多个小时的皮尔，很讨厌这份工作，不单因为繁重的工作所得的报酬还不够他的生活费和学徒费，重要的是他觉得自己是在虚度光阴，他为自己的理想无法实现而苦闷。他甚至认为，与其这样痛苦地活着，还不如早早结束生命。

绝望中的皮尔突然想起了他从小就崇拜的有着“芭蕾音乐之父”美誉的布德里，皮尔觉得只有布德里才能明白他这种为艺术献身的精神。于是他决定给布德里写封信，希望布德里能收下他这个学生。在信的最后，他写道，如果布德里在一个星期内不回他的信，不肯收他这个学生，他就只好为艺术献身，跳河自尽了。

很快，年少轻狂的皮尔便收到了布德里的回信，皮尔以为布德里被他的执著打动，答应收下他这个学生，但布德里并没提收他做学生的事，只是讲了自己的人生经历。布德里告诉皮尔，在他小的时候，很想当一名科学家，可是因为当时家里很穷，父母无法送他上学，他只得跟一个街头艺人过起了卖唱的日子。最后他说，人生在世，现实与理想总有一定的距离，人首先要选择生存。只有好好地活下来，才能让理想之星发光。一个连自己的生命都不珍惜的人，是不配谈艺术的。

布德里的回信让皮尔猛然惊醒。

后来，皮尔努力学习缝纫技术，23 岁那年，在巴黎开始了自己的时装事业。很快，他便建立了自己的公司和服装品牌，也就是现在举世闻名的皮尔·卡丹公司。

由于皮尔一心扑在服装设计与经营上，皮尔·卡丹公司发展迅速，28 岁那年他便拥有了 200 名雇员，他的顾客中很多都是世界名人。如今，皮尔·卡丹品牌不仅包括服装行业，还有服饰、钟表、眼镜、化妆品等等。以他的名字命名的产品遍及全球，皮尔·卡丹本人也成了令人瞩目的亿万富翁。

皮尔·卡丹在一次接受记者采访时说，其实他并不具备舞蹈演员的素质，当舞蹈演员只不过是年少轻狂的一个虚幻的梦而已，如果那时他不放弃当舞蹈演员的理想，就不可能有现在的皮尔·卡丹。

不断升级你的目标

有什么样的目标，就有什么样的人生。你今天站在哪个位置并不重要，但你下一步迈向哪里却很关键。不断升级自己的目标并踏实地付出，你会发现成功已经离你不远了。

对于每个有志于成功的人来说，不管现在他多么贫穷或者多么笨拙，只要他有着积极进取的心态和更上一层楼的决心，就值得鼓励。对于一个渴望在这个世界上立身扬名、成就一番事业的人来说，任何东西都不是他前进的障碍。不管他所处的环境是多么恶劣，也不管他面临怎样的艰难险阻，他总是能通过内心的力量驱使自己脱颖而出，勇往直前。

路易斯和卡德治是学计算机的，二人同一年毕业于同一所大学。工作之后，两人都不安于现状。有时和他们一起聊天，两个人都发着怀才不遇的感叹。

路易斯常说，他的唯一目标就是比尔·盖茨。他买来所有有关比尔·盖茨的书籍，阅读所有有关比尔·盖茨的报道。他早出晚归，寻找着所有可能变成比尔·盖茨的机遇。他常跟家人和朋友说，为了实现这个人生目标，他可以抛弃一切。

相比之下，卡德治的目标则低很多。他所就职的公司对面有一家很小的电脑店，他说，能开这样一间店，他就满足了。一年后，他真的辞职了，开了一间这样的小店。由于善于经营，他的生意很是红火。

过了一年，当二人再凑在一起聊天时，路易斯仍然要不顾一切地变成比尔·盖茨，卡德治则把目标变得稍高了一些。他说，如果能把这个小店变成一家小的公司，他就真的满足了。

又一年过去，路易斯已经被比尔·盖茨这个宏伟的目标压得透不过气来，而卡德治果真把那家小店变成了一家公司。

现在，路易斯仍然在从前的公司里打工，仍然看有关比尔·盖茨的书，听比尔·盖茨的消息，寻找成为比尔·盖茨的捷径，而卡德治，已经开始考虑他的连锁店了。

显然，路易斯把他的目标定得有点高不可攀了。当然，这并不是说他不可能变成比尔·盖茨，而是当一个目标太过遥远时他就觉察不到自己的进步。或许终有一天，他会无奈地放弃。而卡德治无疑是聪明的。他的目标就在不远的眼前，可以感觉到自己迈出的最微小的一步，都在向目标靠拢。

音乐教室里，一个学生坐在钢琴前，在他的面前，摆着一份新的有难度的琴谱。他翻动着，感觉自己对弹奏钢琴的信心似乎跌到了谷底。已经三个月了，自从跟了这位新的指导教授之后，他不知道为什么教授要以这种方式对他。

他勉强打起精神，开始用十只手指头奋战。琴音盖住了练习室外教授走来的脚步声。指导教授是个极有名的钢琴大师，授课第一天，他就给自己的新学生一份乐谱："试试看吧！"他说。乐谱难度很高，学生弹得生涩僵滞、错误百出。

"还不熟，回去好好练习！"教授在下课时，又叮嘱学生。学生练了一个星期，没想到第二周上课时教授又给了他一份难度更高的乐谱，"试试看吧！"上星期的功课，教授提也没提。学生不得不再次挣扎于更高难度的技巧挑战。

第三周，更难的乐谱又出现了。同样的情形持续着，学生每次在课堂上都会接到一份新的乐谱，然后把它带回去练习，接着再回到课堂上，重新面临难上两倍的乐谱，却怎么样都追不上进度，一点儿也没有因为上周的练习而有驾轻就熟的感觉。渐渐地，学生感到愈来愈不安、沮丧及气馁。

学生再也忍不住了，他要向教授问个清楚，然而教授没开口，他抽出了最早的第一份乐谱，交给学生："弹奏吧！"他以坚定的眼神望着学生。

结果，不可思议的事发生了，连学生自己都惊讶万分，他居然可以将这首曲子弹奏得如此美妙、如此精湛。

接着，教授又让学生试了第二堂课的乐谱，学生依然有着高水准的表现。演奏结束后，学生怔怔地看着老师，说不出话来。"如果，我任由你表现最擅长的部分，可能你还在练习最早的那份乐谱，不可能有现在这样的程度。"教授慢慢地说着。

越是遥远和高不可攀的目标，越容易摧毁一个人的信心。而把目标定得低一些，你会发现，成功不过是明天的事。当然，前提是，在你的内心，在每一个阶段，都要有一个新的目标。

球王贝利在20多年的足球生涯里，参加过1364场比赛，共踢进1282个球，并创造了一个队员在一场比赛中射进8个球的记录。他超凡的技艺不仅令万千观众心醉，而且常使球场上的对手拍手称绝。

他不仅球艺高超，而且谈吐不凡。当他个人进球记录满1000个时，有人问他：

“你哪个球踢得最好？”

贝利笑了，意味深长地说：“下一个。”

他的回答含蓄幽默，耐人寻味，像他的球艺一样精彩。

虽然说人往往习惯于表现自己所熟悉、擅长的领域。但是如果我们愿意回首，细细检视，将会恍然大悟，我们在看似紧锣密鼓的工作挑战以及难度渐升的环境压力下，个人的能力早已在不知不觉间得到了提升。

第四章

心态篇

成功需要积极的心态

积极的心态是一种看不见的法宝，它可以使一个人变得富有活力，积极向上，可以让一个人能够有勇气克服困难，迎接挑战。要想成功，就得具备积极的心态。

对于每个人来说，具备积极的心态都是一件很重要的事。从某种意义上说，它可以决定我们的一切，无论是健康、幸福以及财富，都离不开积极心态的力量。可以说，始终保持一种积极主动的心态，积极地思考问题，这是一个人的动力之源，成功之基。凡事都能够积极主动、全力去做的人，无论处在何种境地，都能畅通无阻，不断进步。

在2008年北京奥运会的赛场上，在女子柔道78公斤以上级决赛中，中国选手佟文在离比赛只剩15秒的时候上演了一场惊天大逆转，第六次战胜老对手冢田真希，为中国队夺回了失去8年之久的女子柔道78公斤以上级金牌。

佟文在谈到这场比赛的时候说："我是为了捍卫中国女子大级别而战，必胜的信念一直在支撑着我。包括落后的时候，我也相信自己一定会取得胜利。"

也许大家还记得这场比赛的情景，这不是一场容易赢得的胜利，夺金过程让所有的人都捏了一把汗。而第一次参加奥运会的佟文没有因决赛中的强劲对手而感到胆怯，在她的心里，想的就是"只要参加就必须拿冠军，见到谁就必须赢谁"。正是在这种积极心态的影响下，佟文赢得了这枚宝贵的金牌。正如她自己所言："整场比赛不管是开始也好，到我赢分也好，中间输分也好，'放弃'这两个字在我的脑海中从来没有出现过，我始终坚信自己必胜。"

佟文的故事给了我们这样的启迪，那就是我们的心态在很大程度上决定了我们人生的成败。有些人总是说自己的境况是由别人造成的，是外在的环境决定了他们的人生位置，但是他们根本不懂得，境况不是由周围环境造成的，说到底，如何看待人生，由我们自己决定。

关于心态的意义，拿破仑·希尔说过这样一段话：“人与人之间只有很小的差异，但是这种很小的差异却造成了巨大的差异。很小的差异就是所具备的心态是积极的还是消极的，巨大的差异就是成功和失败。”从现在开始，如果你愿意，相信你可以选择积极的心态，改变你的人生。

在美国，有一位叫亚特的保险推销员，在一个寒冷的傍晚，他在一个街区中推销保险，可是在经济萧条的情况下，他没有做成一笔生意。万分沮丧的他感到极为失落，于是他找了个咖啡屋坐下，开始思考自己到底应该怎么办。毕竟，在不景气的经济条件下，再换工作恐怕也是不现实的。

就在这时，服务员热情地递上了热气腾腾的咖啡。他看着服务员那张亲切的笑脸，猛然醒悟了。他感受到了这样一个不起眼的咖啡屋的服务员那热情的态度，觉得自己这样灰心沮丧是没有道理的。于是，在品尝咖啡的过程中，他想到了自己该怎么办。

第二天，当他从办公室出发时，他向同事们讲述了昨天所遭遇的失败，然后他说：“看吧，今天我还要拜访那些顾客，我保证能售出保单。”他回到那个街区，又拜访了前一天同他谈过话的每一个人。也许正是在这种相信自己能行的积极心态的作用下，到了晚上的时候，亚特已经售出了50张新的保险单。

从这个例子中我们也可以看到，积极的心态可以使一个人在万念俱灰的时候，及时找回自信、恢复斗志、激发活力。经济危机的出现让很多人失去了原有的工作或缩减了薪水，让很多人感到心灰意冷。其实大可不必，任何困难和损失都只是暂时的，危机总会过去，但积极的心态要是丧失了，那给自己带来的消极影响将无法弥补。

无论我们今天在做着什么样的工作，处在什么样的位置，都必须保持积极主动的心态去面对不如意的事情，这样我们才能确保希望和成功的到来。无论在怎样的情况下，都不能怀疑我们最终赢得成功的能力，只有让积极的心态支撑我们，我们才能迈向成功。

以乐观心态感知成功力量

成功的方法有很多，最主要的当算是调整心态，将压力变为动力，将消极失败的想法变为积极奋进的努力。只有以积极的心态去面对不可知的一切，才能让自己更有信心和勇气。

心灵作家丹尼尔·史瓦兹在他的一本书中提到，人如果要获得真正的快乐，就必须要具备一颗乐观、开朗的心，即使身处逆境也要时时觉得自己很幸运。他说："把全部注意力集中在错误的事情上，并不能解决问题，更无法使你的心情愉快。"的确，成功的路不会是顺畅无阻的，面对障碍时，我们所需要做的第一件事便是站起来反抗它。不要因它而抱怨，更不要被它所压制。

在通常情况下，一般人在情况好时均能保持力量，但是在情势不佳时，面对困难的能力往往会锐减或丧失。因此，设法保持战斗力量便是走向成功的关键所在。

英特尔公司的总裁安迪·葛洛夫曾是美国《时代》周刊的风云人物。在上个世纪70年代，他创造了半导体产业的神话，很多人只知道他是美国巨富，却不知道他的人生也有鲜为人知的苦难经历。

由于家境贫寒，安迪·葛洛夫从小便吃尽了缺衣少食和受人歧视的苦头，他发誓要出人头地。他看起来比同龄人显得成熟而老练。在上学期间，他便表现出了商业才能，他会在市场上买来各种半导体零件，经过组装后低价卖给同学，他只从中赚取手工费。

由于他组装的半导体比原装的便宜很多，而质量却不相上下，所以在学校里很走俏。他的学习成绩也非常优秀，他的好学与经商所表现出来的聪明才智，得到了老师的表扬。可是谁也想不到，他竟是个极度悲观的人。也许是受贫困的家境影响，凡事他都爱走极端，这在他以后的经商之路上淋漓尽致地表现了出来。

那是安迪·葛洛夫第三次破产后的一个黄昏，他一个人漫步在家乡的河边，他从早早去世的父母想到了自己辛苦创下的基业一次次破产，内心充满了阴云。悲痛不已的他在号啕大哭后，望着滔滔的河水发呆，他想如果他就这样跳下去的话，很快就会得到解脱，世间的一切烦愁都与他无关了。

这时，对岸走来了一位憨头憨脑的青年，他背着一个鱼篓，哼着歌从桥上走了过来，他就是拉里·穆尔。安迪·葛洛夫被拉里·穆尔的情绪感染，便问他："先生，你今天捕了很多鱼吗？"拉里·穆尔回答说："没有啊，我今天一条鱼都没捕到。"拉里·穆尔边说边将鱼篓放了下来，里面果然空空如也。

安迪·葛洛夫不解地问："你既然一无所获，那为什么还这么高兴呢？"拉里·穆尔乐呵呵地说："我捕鱼不全是为了赚钱，而是为了享受捕鱼的过程，你难道没有觉得被晚霞渲染过的河水比平时更加美丽吗？"一句话让安迪·葛洛夫豁然开朗，于是，这个对经商一窍不通的渔夫拉里·穆尔，在安迪·葛洛夫的再三邀请下，成了英特尔公司总裁的贴身助理。

很快，英特尔公司奇迹般地再次崛起，安迪·葛洛夫也成了美国巨富。在创业的数年间，公司的股东和技术精英不止一次地向总裁安迪·葛洛夫提出质疑，那个没有半点半导体知识、毫无经商才能的拉里·穆尔，真的值得如此重用吗？

每当听到这样的问题，安迪·葛洛夫总是冷静地说："是的，他确实什么都不懂，而我也不缺少智慧和经商的才能，更不缺少技术，我缺少的只是他面对苦难的豁达心胸和面对人生的乐观态度，而他的这种豁达心胸和乐观态度，总能让我受到感染而不至于做出错误的决策。"

一个能够坦然面对挫折与失败的人，往往是因为他对事物有一个正确的看法，他那种豁达的性格，其实正是一种乐观的心态。

在这个世界上，有许多事情是我们难以预料的。我们不能控制机遇，却可以掌握自己；我们无法预知未来，却可以把握现在；我们不知道自己的生命有多长，却可以安排眼前的生活；我们左右不了变化无常的天气，却可以调整自己的心情。只要我们每天都保持一个乐观而积极的心态，那我们的人生就一定不会失色。

成功的道路会有坎坷。面对困境，不同的人会有不同的选择，但只要有了乐观向上的积极进取的心态，成功的到来便指日可待了。

成功需要再迈出一步

什么事情，都是成也在人，败也在人。失败者并不是天生就比成功者差，而是在逆境或者绝境中，成功者能比失败者多坚持一分钟，多走一步路，多思考一个问题。

成功看起来好像高不可攀、遥不可及，其实有时却与失败只有一步之遥。在现实生活中，有些人之所以常常与成功失之交臂，关键就在于他走了九十九步而没有走完最后一步。在做出了种种努力而成功却迟迟不来之后，便心灰意懒地放弃了对成功的追求。

殊不知，就在他觉得成功遥遥无期而放弃继续努力的时候，成功却在离他不远的地方向他招手。其实，很多时候就是这样，成功离你已经不远，只要你再迈出一步，便能看到成功的曙光。而你若不敢再走，那就可能永远与成功失之交臂了。

跳台边，一群小女孩在练习跳水，当所有的孩子都已勇敢地从三米跳台跳下水时，只剩下一个小女孩没有跳。恐慌写在小女孩的脸上，老师在旁边鼓励她，周围的同学也在鼓励她，但她就是害怕，害怕得泪水已经流了出来。

“还有几分钟就要下课了。”老师似乎已经对这个小女孩失去了耐心，有些不满地说。小女孩听了，腿抖得更厉害了，但是她艰难地退了一小步，又前进了一大步，往跳台下看了看——三米的高度。突然，周围的人看见她闭着眼睛跳了下去，水花溅得很高，但掌声却响了起来。

“安格拉，我们都为你自豪，你是怎样战胜自己的胆怯的？”旁边的伙伴问她。此时，这个叫安格拉的12岁小女孩已经抹干了泪水，穿上了衣服。她用还有点发颤的声音慢慢地说：“我突然想起了爸爸说过的一句话，他说在困难的时候，闭着眼睛也要往前迈一步。”

安格拉的爸爸是当地一位有名的神学院院长。他对安格拉的要求很严，希望她能在同龄人中出类拔萃。她从没有忘记父亲对她的教诲，在各个方面都很刻苦，即使是在最差的体育方面，她也做到了坚持。

因为这样一个信念，安格拉在学业上进步很快，尤其是在科学方面显露出不同凡响的能力与才华。她两次参加华约国家奥林匹克数学竞赛，她的数学老师曾这样评价她："我从来没有在数学班上见过像她这样的女孩。她真的很少见——逻辑性强、分析能力强，注意力非常集中。"32岁时，她获得了物理学博士学位。

与此同时，这个平时学习成绩一路领先，在生活中却显得有些保守的年轻人，开始显露出她另外出色的一面，那就是表现出了对政治的极端关注以及由此所延伸出来的属于她的政治辉煌。

她就是安格拉·默克尔——德国历史上第一位女总理，也是最年轻的总理。一个长期被人忽略的，被很多人称为"小灰老鼠"的女政治家。当有记者问她，为什么能坚持到最后并取得胜利时，默克尔笑了。她说，她突然就想起了孩提时的那次跳水，那个胆怯的小女孩终于鼓足勇气往前迈了一步。

"我要好好地感谢我的父亲，因为他在我面对困难的时候总会重复这样一句话：当你在烦恼事情没有什么进展时，请不要停下你也许发抖的双脚，请你再往前迈一步，只要一步。"

一位开采油田的投资商，在一个据说储藏了大量石油的地区钻井开采石油，可是钻到地下100米时还没有见到石油。于是，他移开一段距离后又重新钻挖，可是这次钻到地下100米时还是没有见到石油。他又气愤地移到别处开采，如此反复七八次后，还是未能如愿，最后他只好放弃了开采的计划。

有意思的是，在他放弃以后，他的另一位开发商朋友得知了此事，便安排人马来到他曾经钻过的地方，继续往下钻。等钻到地下约120米时，大量的石油滚滚而出，他因此而获得了大量的回报。

可见，即使你奋斗的方向是正确的，也有积极的行动，但是，如果你不能坚持到底，那么你很可能会功亏一篑，不会取得最后的成功，甚至使你已经付出的努力也白白浪费掉。

成功与境遇无关

境遇与成功没有必然的联系，如果你还在为自己的境遇感到不满，那就赶紧反思自己的所为吧。看看那些成功的人，他们的境遇曾比你糟糕多了。

很多人会觉得自己的当前状况与境遇有关。尤其是一些不太成功的人，他们往往会抱怨自己没有好的环境和条件，会抱怨是周围的环境限制了自己的发展。其实，成功与境遇没有什么必然的联系。境遇好，不代表你的成就会很好；境遇差，也不等于就不会成功。事实上，很多在事业上有所建树的人的境遇并没有多好，但是他们努力、他们拼搏，最终也取得了可喜的成绩。

盘尼西林的发现，一直被认为是医药界的伟大发现。它的发现者是英国细菌学家弗莱明，而弗莱明当时的工作条件很不好。实验室又小又破旧，从来没有引起别人的注意，但他仍是充满活力地做着他的研究工作。有一天，从破了的窗子外面随风飘进来了一些灰尘，落在了他做实验的细菌培养器皿中，这让他发现了盘尼西林。

几年之后，他去参观一个现代化的实验室，这个实验室的外观豪华，里面设备先进，除了有先进的仪器设备外，还有当时不多见的中央空调系统，整个实验室一尘不染。

实验室主任转头对弗莱明说："博士，当初您如果能在这样的实验室里从事研究，相信您一定能够发现更多有益于人类的好东西。"弗莱明淡淡地说："我想也是这样，但是，肯定是不会发现盘尼西林的。"

其实，无论我们身处何种不利的环境，都不必羡慕他人的优越。机会与幸运对每个人来说都是公正的，只看你是否用心去把握了。即使是在残破的屋子里，弗莱明还是有机会发现了盘尼西林，而那些拥有豪华先进的实验室的人，只能惊叹他的发现而自愧不如。其实，幸运与不幸运，贫穷或富有，成功与失败，只在于个人的努力和奋斗，与境遇无关。

欧洲瓷都麦森是德国的一个小镇，位于厄尔士山脚下。这里的陶瓷制品闻名世界。与陶瓷齐名的还有一个人，他叫贝特格。三十多年前，贝特格还是麦森陶瓷厂里的一位垃圾工。

麦森陶瓷厂的技师是一位意大利人，叫普塞。在当时，麦森陶瓷厂完全靠这位技师和他的几个徒弟支撑。有一天，厂方因为跟普塞技师的意见不合而发生争执，普塞技师一怒之下带着自己的几个徒弟回到了意大利。

结果，麦森陶瓷厂因无人接替普塞的位置而被迫停产，麦森陶瓷厂的高层也乱成了一锅粥。就在这时，贝特格站出来对厂领导说："能不能让我试试？"厂领导不停地摇头："就你，一个垃圾工也想干技师的活儿？"贝特格当即从家里拿来了自己烧制的一个花瓶，说："请您看看这个，它的质量跟咱们厂的产品相比哪个更好？"厂领导看后，一个个目瞪口呆，纷纷问贝特格："这个花瓶真的是你烧制的？"贝特格肯定地回答说："是的。"原来，这个在厂里毫不起眼地干了近十年的垃圾工，居然每天都在偷学普塞技师的手艺，连厂方正式派去跟普塞技师学艺的工作人员都没能学到的东西，却被贝特格全部学会了。

厂方问贝特格："你有什么需要，尽管提出来。"贝特格说："我现在的月工资是20马克，能不能将我的月工资提高到30马克？"贝特格害怕厂领导不答应，赶紧解释说："我依然还做我的垃圾工，我只是兼职做技师而已，因为我的母亲患有严重的哮喘病，每月需要服用10马克的药物，而我的工资只够全家人每月的生活费。"

原来，贝特格非常羡慕那些学徒工，他们每月可以拿30马克，而自己只能拿到20马克。于是，为了向学徒工看齐，更为了母亲每月能够吃上药，他便偷偷地学起了烧制瓷器的手艺。

厂领导回答说："只要你能够取代普塞，你不但可以不再干运垃圾的工作，而且从现在开始，你的月薪也跟普塞一样，每月为10000马克。"麦森陶瓷厂终于又开始运转了。贝特格，这位当初的垃圾工，做梦也没有想到会拿这么高的工资。

后来，麦森成了德国陶器重镇，而贝特格的名气也远远地超过了意大利任何一位顶级技师。

机会总是为那些准备充分的人而留着的，不管你现在从事何种工作，只要你拥有渴望成功的梦想，梦想就有变成现实的那一天。

发自内心地热爱自己的工作

热爱工作是一种信念。怀着这个信念，我们能把绝望的大山凿成一块希望的磐石。正如一位伟大的画家所说："痛苦终将过去，但是美丽永存。"

现实中，虽然每个人都是为了特定的利益而奔波劳碌，但无论如何，"怎样把工作做得更好"都是需要我们仔细思考的一个问题。事实证明，只有真正热爱工作的人，才能把工作做得更好，才是工作中真正幸福的人。

不管你从事何种行业，也不论你处于什么阶层，对于任何一份工作来说，热爱它都是做好它的前提。有人说工作着就是幸福的，事实也就是这样，当我们每天忙于工作的时候有时会感到厌烦，而一旦失去工作，那种空虚和烦闷又真的是让人难以忍受。

在古老的欧洲，有一个人在他死后，发现自己来到了一个美妙而又能享受一切的地方。他刚踏进那片乐土，就有个侍者模样的人走过来问他："先生，您有什么需要吗？在这里您可以拥有一切您想要的：所有的美味佳肴，所有可能的娱乐以及各式各样的消遣，都可以让您尽情享用。"

这个人听了以后，感到有些惊奇，但非常高兴，他暗自窃喜：这不正是我在人世间的梦想吗？

接下来的一整天，他都在品尝所有的佳肴美食，同时尽享消遣的滋味。然而有一天，他却对这一切感到索然无味了，于是他就对侍者说："我对这一切感到很厌烦，我需要做一些事情。你可以给我找一份工作做吗？"

他没想到，他所得到的回答却是摇头："很抱歉，先生，这是我们这里唯一不能为您做的。这里没有工作可以给您。"

这个人非常沮丧，他愤怒地挥动着手说："这真是太糟糕了！那我干脆就留在地狱好了。”

“您以为，您在什么地方呢？”那位侍者温和地说。

这则带有幽默感的寓言告诉我们，失去工作就等于失去快乐。

很多成功人士都是极其热爱自己的工作的，他们认为，工作是一项特权，是所有繁荣的来源，也是天才的塑造者。工作使年轻人奋发有为，因为很多正爬向高峰的人，并不是在“付出代价”，他们努力工作是因为他们真正地热爱工作。任何行业中往上爬的人都是完全投入正在做的事情，且专心致志。衷心喜爱从事的工作，自然也就能成功了。

但有些人显然不够聪明，他们有野心，却对工作过分挑剔，一直在寻找“完美的”雇主或工作。事实是，雇主需要准时工作、诚实而努力的雇员，他只将加薪与升迁的机会留给那些格外努力、格外忠心、格外热心、肯花更多的时间做事的雇员，因为他在经营生意，他需要的是那些更有价值的人。

不管一个人的野心有多么大，他至少要先起步，才能到达高峰。一旦起步，继续前进就不太困难了。工作越是困难或不愉快，越要立刻去做。如果拖的时间越久，就变得越困难、可怕，这有点像打枪一样，瞄的时间越长，射中的机会就越渺茫。

很多人觉得自己的收入无法让自己对工作产生兴趣，其实，收入只是你工作的副产品，做好你该做的事，出色地完成任务，理想的薪金就自然会来。而更为重要的是，我们劳苦的最高报酬，不在于我们所获得的，而在于我们会因此成为什么。那些头脑活跃的人拼命劳作决不只是为了赚钱，使他们的工作热情得以持续下去的东西要比只知敛财的欲望更为高尚——他们是在从事一项迷人的事业。

工作是一种态度，它决定了我们快乐与否。同样都是石匠，同样在雕塑石像，如果你问他们：“你在这里做什么？”他们中的一个人可能会说：“你看到了嘛，我正在凿石头，凿完这个我就可以回家了。”这种人永远视工作为惩罚，在他嘴里最常吐出的一个字就是“累”。

另一个人可能会说：“你看到了，我正在做雕像。这是一份很辛苦的工作，但是酬劳很高。毕竟我有太太和四个孩子，他们需要温饱。”这种人永远视工作为负担，在他嘴里经常吐出的一个词就是“养家糊口”。

第三个人可能会放下锤子，骄傲地指着石雕说：“你看到了，我正在做一件艺术品。”这种人永远以工作为荣，以工作为乐，在他嘴里最常吐出的一句话是“这个工作很有意义”。

天堂与地狱都由自己建造。如果你给工作赋予意义，那么不论工作大小，你都会感到快乐。自我设定的成绩不论高低，都会使人对工作产生乐趣。如果你不喜欢做的话，任何简单的事都会变得困难、无趣。当你叫喊着这个工作很累人时，即使你不卖力气，你也会感到精疲力竭，反之就大不相同。

如果你视工作为一种乐趣，人生就是天堂；如果你视工作为一种义务，人生就是地狱。端正自己的工作态度，真心热爱自己的工作并用心为之付出，你会发现，成功在不知不觉地向你走来。

有希望就无敌

面对成功路上的种种不如意，只要心怀希望，就没有走不过的坎坷。希望是制胜的法宝，是成功的支柱，毫不夸张地说，有了希望，就抓住了一半的成功。

有一句话说得好:“只要有希望在，就能勇往直前，实现梦想。”

谈到希望，一位心理学家讲了他所做过的一个实验:

他将两只大白鼠丢入一个装了水的器皿中，它们会拼命地挣扎求生，一般维持的时间是 8 分钟左右。然后，他在同样的器皿中放入另外两只大白鼠，在它们挣扎了 5 分钟左右的时候，放入一块可以让它们爬出器皿的跳板，这两只大白鼠就得以爬出来。若干天后，再将这对大难不死的大白鼠放入同样的器皿中，结果真的令人吃惊:两只大白鼠竟然可以坚持 24 分钟——是一般情况下能够坚持的时间的三倍。

这位心理学家总结说:前面的两只大白鼠，因为没有逃生的经验，它们只能凭自己的体力来挣扎求生。而有过逃生经验的大白鼠却多了一种精神的力量，它们相信在某一个时候，一块跳板会救它们出去，这使得它们能够坚持更长的时间。这种精神力量，就是积极的心态，或者说，是内心对一个好的结果心存希望。

在第 24 分钟时，心理学家将那两只大白鼠捞上来了。别人问他为什么那样做，他说:“因为有积极心态的大白鼠更有价值，更值得活下去。我们人类应该尊重一切希望，哪怕是大白鼠内心的希望。因为希望就是力量，上苍会更欣赏那些内心总是充满希望的人。”

在成功学上，有个终极法则就是坚持到底，绝不放弃。马云曾说过，我不知道什么叫成功，但我知道什么叫失败，那就是放弃。只要你不放弃，你就有希望，你就有成功的可能，只要希望在，成功就不再是梦。

在哈佛，有这样一个故事，主人公因心怀希望而走向成功，或许对我们都有所启迪。

鲍勃·摩尔在参加哈佛大学的招生考试时，在列入考试的五门功课中，竟然有三门功课不及格，因此没能顺利地进入到这所世界著名的大学深造。在那段考试落榜、赋闲在家的日子里，鲍勃·摩尔感到非常自卑，常常将自己关在黑屋子里，怨天尤人，唉声叹气。

这年夏天，鲍勃·摩尔的家乡接连下了一个多月的暴雨，终于，山洪暴发了。鲍勃·摩尔不幸被滚滚的山洪卷进了咆哮的河里。在浊浪翻滚的河水中，他像一片树叶一样被抛来甩去，生命危在旦夕。这个时候，他多想抓住一样能够拯救生命的东西，哪怕是一块木板、一根芦苇也好。然而，湍急的洪水中除了翻卷的泥沙，他什么也抓不到。他暗想，这回算是完了，没有救了。

他的这个念头刚一冒出来，便立刻犹如散了架一般浑身乏力，四肢酸软，再没有一点挣扎的力气。整个人都随着汹涌的波涛在沉沦，在漂浮。

就在鲍勃·摩尔万念俱灰，最后一丝生的希望也即将被死神抽走的时候，他的脑袋突然被洪水中滚动的石块碰了一下，骤然的疼痛使他突然清醒过来。刹那间，他突然想起去年夏天与朋友在这条河中漂流探险时，曾在这条河的下游遇到过一棵粗壮的老树，老树有一个粗大的枝丫，正好斜长着横贴在水面上。只要能够抓住这根树杈，就能保住自己的生命。想到这里，他的心中顿时充满了希望，一有了希望，浑身上下顿时力气倍增，心也不慌了，僵硬的四肢也变得灵活了。

鲍勃·摩尔心中默念着那棵救命的老树，在洪水中顽强地坚持着，拼命地挣扎着……历尽艰险，他终于游到了那棵老树跟前。但是，当他拼命地抱住伸向河面的树杈时，谁知那根树杈早已经枯朽。他使劲一拽，便“咔嚓”一声断为两截。鲍勃·摩尔只好紧抱着断落的树杈，继续随水漂流。刚漂出没有多远，就被河边经过的抢险队员搭救上岸。

事后，鲍勃·摩尔说，要是他早知道那根树杈是枯朽的，他兴许就不可能坚持游到那儿。

得知这次事故后，远在英国的父亲打电话给鲍勃·摩尔：你瞧，连死神都害怕希望呢。只要你的心中还有希望，那么，再大的困难，再大的挫折你都能够战胜。

你想，既然你已经通过了两门考试，那就一定能够通过更多的考试。记住，哈佛大学就是你生命下游的那棵紧贴河面生长的“树杈”。

听了父亲的话，鲍勃·摩尔心中豁然开朗。于是，他重新回到学校，走进了教室，拿起了课本。最终，他以优异的成绩进入了哈佛大学，成为哈佛大学自开办动机激励教育学科以来最出色的学员之一。

后来，他的代表作《你也能当总统》一书，鼓舞和激励了成千上万的奋斗者，使他们由一个个平凡甚至平庸的无名之辈，最终变成了万众瞩目的社会名流。

记住，没有任何人能靠强迫自己做不喜欢做的事而成功。在他们心中有一个信念就是，成功难，但不成功更难。如果他们没有成功，他们的内心就永远无法得到安宁和平静，所以他们坚持了下去。

不难发现，在大多数人遇到困难和挫折都选择放弃的时候，少数人能坚持到最后，正是因为他们的企图心比较强烈，他们所想的是一定要成功，而不仅仅是想要成功。只要你的企图心和信念像他们一样强烈和坚定不移，只要你也永不放弃希望，那么你就可以取得像他们那样伟大的成就。

学会赞美自己

我们常常赞美他人，却忘了赞美自己。其实，我们也是需要鼓励的，不管他人怎么看待自己，只要自己怀有信心，怀有对自己的期望，就能让自己做得更好。

拿破仑·希尔说："自我欣赏或自我赞美，其本质正是对自我成功的一种最直接的暗示。如果一个奋斗者不断地告诉自己'我是最优秀的，我一定会成功！'那么他就会像得到神助一般，必将取得成功。能常常赞美自己的人，实质上正是他敢于向命运宣告'我是不可战胜的！'这种对自我的赞美，正是一颗深深地植根于自己灵魂的种子，最后一定会在现实生活中结出无数颗能展示生命之美的果实。"

凯恩公司在五周年庆典时，举行了一个酒会，全体员工都到会了。借着酒兴，大家向老板提出了一个问题："为什么你一天那么清闲，却能当老板挣大钱，而我们一整天辛辛苦苦，却只能给你打工，挣一些小钱？"

"那是因为我善于赞美，我天天赞美！"老板说。

员工们不解，因为他们也是天天赞美老板的。

老板笑道："我的赞美跟你们的赞美截然不同，你们天天违心地赞美别人，而我，天天真诚地赞美自己！"

自我赞美，往往会成为许多奇迹创造的动力。

当年拿破仑在奥斯威辛，面临着与数倍于自己的强敌决战。在战前的总动员会上，拿破仑对即将投入战斗的将士们说："我的兄弟们，请你们记住，我们法兰西的战士是世界上最优秀的战士，是永远都不可战胜的英雄！当你冲向敌人的时候，我希望你们能高喊着：我是最优秀的战士，我是不可战胜的英雄！"接着，他听到了全军将士如排山倒海般的回音："我是最优秀的战士，我是不可战胜的英雄！"

战斗中，法国将士都高喊着“我是最优秀的战士，我是不可战胜的英雄”的口号，他们以一抵十，竟如摧枯拉朽一样大败奥俄等国的联军。

是的，学会赞美自己，你的心境会豁然开朗，紧锁的眉头会慢慢舒展。镜子中的你也许同你想象中的自己有出入，但却不失诚实。你没有高高的鼻梁，但你也许有一双富有魅力的眼睛；你没有一双闪烁的明眸，也许上帝会补偿你一张弧线优美的嘴。在外貌上，你也许欠缺了些，但在智慧和能力方面却可能会得高分，因而，不必等着别人来欣赏你，你的自信就是一种美。你会觉得，学会赞美并不是什么难事，而是一种快乐。

一个女孩子去一家国内享有盛名的企业应聘。

经过多轮角逐之后，只剩下她和另一位男孩子争夺这唯一的名额。在决定胜负的时候，并不是想象中的各种提问，主考官只淡淡地一笑说：“随便聊聊吧。”

男孩子洋洋洒洒地说了一大堆，包括经历、个人业绩等。当轮到那女孩子时，她只短短说了几句：“我一直都很爱自己，经常赞美自己，觉得自己很重要，有价值而且很出色。我不需要别人来加强我自身的价值，也不必让别人的行为迁就我个人的意思，借以肯定我自身的价值。”

就是这几句话，她被主考官看中。

可以说，让自己自信的最好方法就是不断地赞美自己。赞美自己不需要理由。就像人们常说的一句话：爱，不需要理由。同样，爱自己，赞美自己也不需要理由。随时随地，你都可以对自己说：“我今天做的事情真是太棒了！”有人说，人类最大的敌人就是自己，但假如你不断用赞美自己的心态来挑战所有的自我感觉，那情况又将完全不同。可以毫不犹豫地说，越赞美自己，人就越自信，就越能更好地迈向成功。

把自己当成是最好的

无论是谁，如果想让别人对自己有一个良好的评价，首先就必须认定自己是优秀的，然后要敢于并充分展示自己优秀的一面，把事情做到最好。你可以敬佩别人，但决不能忽略自己。你可以相信别人，但决不能不相信自己。

一般来说，成功的主要因素在于自己。很多人不相信自己的想法，不相信自己的能力，有时就算有了好的想法也不会付诸实施。而当别人去做并取得了成绩时，却又懊悔不已。其实大可不必，因为自己是最好的实践者，只要积极主动地把想法落实到行动中，也许下一个成功的人就是你。

默巴克出生于美国一个贫困家庭，从小饱受歧视。他凭借着不屈的毅力，19岁时考入美国名校斯坦福大学。但家庭经济的窘迫容不得他像富家子弟那样悠闲自在，他不得不利用课余时间四处奔波，赚取微薄的收入，交纳学费和维持简单的生活。

默巴克主动向校方提出勤工俭学，包揽学生公寓的卫生打扫。他非常珍惜这份工作，干活一丝不苟。在打扫公寓时，默巴克经常在墙脚和床铺下面清扫出一些硬币来，然后会主动问同学们，这是谁丢失的。可同学们要么不屑一顾，要么就是懒洋洋地告诉他："不就是几枚破硬币吗？谁稀罕。你不嫌弃就拿去好了。"

虽然他们语带讥讽，但默巴克并不尴尬。在同学们怪异目光的注视下，他默默地捡起了一枚枚带着灰尘的硬币。

第一个月下来，默巴克把捡到的硬币进行清点，连他自己也感到吃惊：竟有500美元之多。这令他喜出望外。这些白白捡来的硬币，不仅解决了学费的燃眉之急，而且还让自己的生活质量大为改善。

这份额外收入让默巴克突发奇想。他决定把人们不重视硬币的事情，反映给国家有关部门。于是，他分别给国家银行和财政部写了信，建议上述部门应该关注小额硬币被白白扔掉的情况。财政部的回信很快到达，告诉这位贫困的大学生："正如你反映的那样，国家每年有310亿美元的硬币在市场上流通，却有105亿美元被人随手扔在墙脚和别的地方，虽然国家多次呼吁人们要爱惜硬币，但收效甚微，我们对此也无能为力。"

这样的答复不免让默巴克沮丧，但同时他从中看到了潜在的巨大商机。从此，他便用心收集有关硬币方面的资料。从资料中他得知，一般硬币的使用寿命可达30年左右，而这些硬币常散落于各家各户的墙脚、沙发缝、床底下和抽屉等角落。

默巴克决心从中打开缺口，开创事业。1991年，默巴克大学毕业，他没有像其他同学那样奔波求职，而是针对人们日益增长的换取硬币的需求，成立了一个"硬币之星"公司，并购买了自动换币机，安装在附近的各大超市。顾客每兑换100美元硬币，他会收取9%的手续费，所得利润与超市按比例分成。

开业伊始，默巴克"硬币之星"公司的生意便异常火暴，他不仅赚取了丰厚的利润，也大大方便了超市和顾客，赢得了人们的普遍欢迎。

而后，默巴克继续扩大公司的业务，把"硬币之星"燃遍了全美，并获得了巨大成功。1996年，公司开张仅仅不到五年时间，"硬币之星"公司便在全美近万家大型超市设立了一万多个自动换币机连锁店。又过了两年，当年那个被人们讥讽为穷小子的默巴克，摇身一变成了亿万富翁，"硬币之星"也成为了纳斯达克的上市公司。

谈到自己的成功秘诀，默巴克显得从容平静："每个人在这个世界上都是独一无二的，也许你的出身很卑微，也许你在某个方面不如别人，但你要永远记住，没有任何人能够取代你独有的位置。只要坚守自我，自信昂扬地经营生活，你的人生就一定会如你所愿。"

有位哲人说得好："人们应谨记一个处世原则，因自我了解而表现出来的举止，就是一般人对自己的观感。"你是想做一个默默无闻的人还是有着丰功伟绩的人，全在于你对自我的评价，而别人可能因为你的自我评价而同样地评价你。

爱因斯坦小时候是个十分贪玩的孩子。他的母亲常为此而忧心忡忡，可母亲的再三告诫对他来讲如同耳边风。直到16岁的那年秋天，一天上午，父亲将正要去河边钓鱼的爱因斯坦拦住，并给他讲了一个故事，正是这个故事改变了爱因斯坦的一生。

可见，这世界上从来没有真正的绝境，有的只是绝望的思维，只要心灵不曾干涸，再荒凉的土地，也会变成生机勃勃的绿洲。

卡特尔在大学毕业后只身来到密西西比州的一个城市打工。盘缠用尽了，举目无亲，房东又天天催讨房租。虽然有一家单位已经决定聘用他，但是，没有哪家单位愿意将工资预付给一个尚未开始工作的人。

无奈之下，在一个星期天，卡特尔拖着沉重的双腿来到了一家废品回收公司。看着那些成堆的纸片、饮料盒子……卡特尔红着脸向老板问了那些废品的价格。

接着，他找来一只破麻袋，毅然走上了大街拾荒。忍受着人们的白眼，经受着风雨的洗礼，他走过了城市的每一个角落，拾捡着废品，也积攒着对未来生活的希望，积攒着在这个陌生的城市继续生活下来的决心与力量。当他从废品店老板手里接过在这个城市掘到的“第一桶金”时，卡特尔的眼睛湿润了，他听到心中的呐喊：“生存没有绝境，就看你肯不肯去做。”

福勒先生说过，绝境有时候是一条光明大道，它会让你更加奋进，直至到达成功的顶峰。虽说绝境确实是可怕的，会让你感到无助、沮丧，但如果你能够把这些当作奋进的前奏，你便会不顾一切地去突出重围，获得成功。

无独有偶，还有一个年轻人也是在濒临绝境时不懈奋斗，为自己找到了一片天。

那时他只是曼彻斯特一所小学校的看门人。清晨开门，晚上锁门，放学后拖地、擦黑板、整理桌椅，还要给火炉添煤等，报酬是一星期 5 英镑。但是有一天，校长还是解雇了他。原因很简单，学校要求每个职员早晨到校时必须写上到校时间并签名，下午离校时再写上离校时间并签名，而他，既不会读，也不会写。学校以不能雇用一个不认字的看门人为由，解雇了他。

离开学校后，他感到非常难过。自己一无所长，他不知道自己还能找到一份什么样的工作。百无聊赖中，他踱到一个朋友的香肠店，买了半磅香肠做茶点，就着一杯白兰地。就在香肠店前，他忽然想起卖香肠的卫琼斯太太已经去世了，店已经关门，附近再没有别的香肠店。“整个曼彻斯特南部地区都没有几个好的香肠店，”他的心中忽然产生了一个念头，“为什么我不可以接管卫琼斯太太的店卖香肠呢？”

就这样，一个星期后，他的香肠店开张了。不久，他又有了另一个主意：售卖现成的香肠。这样，香肠做熟后可以保证在餐点左右都是热的。那时正是寒冷多雾的

11月，他将店门大开，让香味四处飘溢。很快，香肠制作多少就能销售多少。而他制作的小根香肠和小块面包，是销售最火的品种。那个月他雇了两个伙计，还是感到人手不够。

接着，他又有了另一个主意，办流动销售点。他雇了一个男孩，骑着自行车四处替他推销香肠，这比死守店里的效果要好得多。不久，他就又增加了几个人替他做香肠，还要增加几个人销售。渐渐地，“霍布戴尔的香肠”有些名气了。此时，他开始做大买卖，开了两三家铺面还供不应求。于是，他就着手制作香肠，而不是去进货再加工。

夏季是生意淡季。酷热的夏天，没有人需要热香肠，也没有人需要热的食物。他又有了另一个主意：既然天热没有人愿意做饭，为什么不做冷食供应顾客呢？于是，小伙计们又骑车销售冷香肠。没想到，夏天的生意竟比冬天还要好。

从那时起，他的生意日渐兴隆，那些骑车的香肠推销人员和“霍布戴尔香肠店”出现在英国的大街小巷。英国的各家电影院都在放映《一种香肠的诞生》的影片，飞机也在天上做起“霍布戴尔的香肠”的广告。当时在英国，没有听说过莎翁戏剧的人却听说了霍布戴尔的香肠。

他就是英国的香肠大王艾伯特·霍布戴尔。当他将20万英镑的存款存进银行时，银行经理惊奇于他竟然不会写自己的名字。于是问他：“您获得的成功是在没有受过任何专门教育的情况下做成的。我想知道，如果您会读和写，您将干什么呢？”他回答说：“或许还在那所小学校当看门人，一个星期收入5英镑。”

同样是绝境，不同的人可以走出不同的道路来，这完全取决于自己是不是把绝境当作生活对自己的一种考验，是不是能从缝隙中看到机会与希望。

生存没有绝境，走出门去，外面就是一片蓝天。

正如歌德先生所说：“流水在碰到抵触的地方，才会把它的活力释放。”一个人不遇到绝境，永远不知道自己的潜力有多大。所以，在遇到绝境时，不要沮丧，拿出勇往直前的魄力来，成功就会属于你。

有梦想就了不起

有人说成功的人都是有梦想的人，这话有一定道理。梦想是奋斗的动力，奋斗是实现梦想的条件。有梦想才有希望，有梦想才有未来。没有梦想，就不知道自己的道路在哪里。

“为理想而奋斗”这句话我们早已耳熟能详。的确，可以说，人生的每次选择都是一种偶然，但每一个选择的背后都有一个梦想在支持，那就是成功。有这样一句口号：“奋斗改变命运，梦想让我们与众不同。”事实确是如此，我们每个人不能选择自己的过去，却可以用奋斗改变自己的未来。

美国少年斯克劳斯的母亲是个裁缝，受母亲的影响，他自小就喜欢时装。尽管家境贫寒，但阻止不了斯克劳斯要做一名出色的时装设计师的梦想。斯克劳斯常常将母亲裁剪后的布角偷来，东拼西凑地做成各种各样的小衣服。

由于母亲的布角有限，并且那些布角都是要用来做鞋垫的，因此斯克劳斯总是遭到父亲的责备。斯克劳斯感到自己的创作欲望得不到满足。有一天，斯克劳斯将父亲从自家凉棚上撤下来的废棚布捡来做成了一件衣服，这种粗布在当时是专门用于盖棚的。斯克劳斯穿着自己做的衣服走在大街上，很多人都说他是疯子，甚至母亲都觉得斯克劳斯太过分了。

斯克劳斯的母亲见儿子沉迷于服装设计，便鼓励儿子去向时装大师戴维斯请教，她希望自己的儿子能成为像戴维斯一样成功的时装设计师。那一年斯克劳斯 18 岁，他带着自己设计的粗布衣来到了戴维斯的时装设计公司。当戴维斯的弟子们看到斯克劳斯设计的衣服时，忍不住哈哈大笑，他们从来没有看到过如此粗俗的衣服，可是戴维斯却将斯克劳斯留了下来。

在戴维斯的鼓励与帮助下，斯克劳斯设计出了大量的粗布衣。可是，没有人对斯克劳斯的衣服感兴趣。斯克劳斯设计的衣服大量积压在仓库里，就连戴维斯都对自己收留斯克劳斯的决定产生了怀疑。但斯克劳斯很固执，他坚信自己的衣服会受到人们的欢迎，于是他试着将那些粗布衣服运往非洲，销给那里的劳工们。

由于那种粗布价格低廉、耐磨，居然很受劳工们的欢迎，衣服很快便销售一空。斯克劳斯又将那些粗布衣服做成适合旅行者穿的款式，因为它的沧桑感和洒脱，居然又很受旅行爱好者的欢迎。之后，斯克劳斯又设计出了许多种款式。

人们惊奇地发现，那种衣服穿在身上不但随意，还有一种很特别的风味，而且不分季节，任何年龄的人都可以穿。一时间，大家都争着穿起了斯克劳斯设计的粗布衣。

如今，那种衣服已风靡全球，那就是以斯克劳斯与戴维斯为品牌的牛仔衣。

斯克劳斯的故事告诉我们，一个人只要认为自己所做的事是正确的，那就大胆地去做，哪怕你的梦想只是一件粗布衣，只要坚持下去，粗布衣也可以成为漂亮的时装。

齐瓦勃出生在美国乡村，只受过很短的学校教育。15 岁那年，一贫如洗的他就到了一个山村做了马夫。然而，雄心勃勃的齐瓦勃无时无刻不在寻找着新的机遇。

三年后，齐瓦勃来到了钢铁大王卡内基属下的一个建筑工地打工。一踏进建筑工地，齐瓦勃就下定了决心，要做同事中最优秀的人。当其他工人在抱怨工作辛苦、薪水太低而怠工时，齐瓦勃却在默默地积累着工作经验，并自学建筑知识。

一天晚上，同伴们都在闲聊，唯独齐瓦勃躲在角落里看书。恰巧公司经理到工地检查工作，经理看了看齐瓦勃手中的书，又翻了翻他的笔记本，什么也没说就走了。第二天，经理把齐瓦勃叫到办公室，问道：“你学那些东西干什么？”“我想我们公司并不缺少打工者，缺少的是既有工作经验又有专业知识的技术人员或管理人员，对吗？”齐瓦勃认真地回答。

经理点了点头，不由得仔细打量起眼前这个貌不惊人的年轻人。不久，齐瓦勃就升为技师。在打工的同伴中，有人讽刺挖苦齐瓦勃，他回答说：“我不光是在为老板打工，更不单纯是为了赚钱，我是在为自己的梦想打工，为自己的远大前途打工。我们只能在业绩中提升自己。我要使自己的工作所产生的价值，远远超过我所得的薪水，只有这样我才能得到重用，才能得到机遇。”

抱着这样的信念，齐瓦勃一步步地升到了总工程师的位置上。25 岁那年，齐瓦勃又做了这家钢铁公司的总经理，承担起建设公司最大的布拉德钢铁厂的重任。凭着非凡的努力，齐瓦勃于两年后成了这家工厂的厂长，并逐渐成为卡内基钢铁公司的灵魂人物。几年之后，他被卡内基任命为钢铁公司的董事长。

在齐瓦勃担任董事长的第七年，当时控制着美国铁路命脉的大财阀摩根，提出与卡内基联合经营钢铁。开始时，卡内基没理会。于是摩根放出风声，说如果卡内基拒绝，他就找当时居美国钢铁业第二位的贝列斯赫母钢铁公司联合。这下卡内基慌了，他知道如果贝斯列赫母与摩根联合，就会对自己的发展构成威胁。

一天，卡内基递给齐瓦勃一份清单说："按上面的条件，你去与摩根谈联合的事宜。"齐瓦勃接过来看了看，对摩根和贝斯列赫母公司的情况了如指掌的他微笑着对卡内基说："你有最后的决定权，但我想告诉你，按这些条件去谈，摩根肯定乐于接受，但你将损失一大笔钱。看来你对这件事没有我调查得详细。"

经过分析，卡内基承认对摩根估计过高。于是，卡内基全权委托齐瓦勃与摩根谈判，并取得了对卡内基有绝对优势的联合条件。摩根感到自己吃了亏，就对齐瓦勃说："既然这样，那就请卡内基明天到我的办公室来签字吧。"

第二天一早，齐瓦勃就来到了摩根的办公室，向他转达了卡内基的话："从第51号街到华尔街的距离，与从华尔街到51号街的距离是一样的。"摩根沉吟了半晌说："那我过去好了！"摩根从未亲自到过别人的办公室，但这次他遇到的是全身心投入的齐瓦勃，所以只好低下自己高傲的头颅。

后来，齐瓦勃终于建立了大型的伯利恒钢铁公司，并创造了非凡的业绩，真正完成了他从一个打工者到创业者的飞跃。

梦想是世界上最贵的东西，当一个人心中怀有梦想时，他的生活就会充满热情和希望，也就不会迷失前进的方向。纵观很多的成功人士，他们都是怀着梦想并为之奋斗，最终得到了自己想要的。作为追寻成功的人来说，梦想可以说是成功的舞台，有了梦想才有了希望和动力。因此，有梦想就了不起，成功从梦想开始。

跨过自己心中的栏杆

成功之路没有坦途，只有各种障碍。有的人被困难吓倒，不敢再往前迈步。然而在很多时候，那些困难其实没有想象中的那么不可跨越，有时它们是人为设置的。因此要想成功，先要跨过自己心中的栏杆。

在人生的奋斗中，我们的面前往往横亘着一道道难关。倘若我们心存疑虑，畏首畏尾，势必寸步难行、一事无成。我们只有坚定信念、鼓足勇气、突破心理障碍，才能不断地超越自我，达到更高的境界。

巴拉斯出生于一个贫困的家庭，母亲患有精神分裂症，不但无法正常工作，一旦病情发作还常常冲巴拉斯大声地吼叫甚至动手打她。父亲因患小儿麻痹症，瘸了一条腿，对生活早已失去了希望，他不但好赌还酗酒。因此，无人管束的巴拉斯整天像个男孩子一样四处疯跑，跟人打架，还染上了偷盗的恶习。

巴拉斯 12 岁那年，一个名叫威尔逊的跳高运动员把她带到运动场上教她练习跳高。开始时，巴拉斯站在运动场上不敢动弹，她胆怯地问："威尔逊先生，我真的能像您一样成为一名跳高运动员吗？"威尔逊反问她："为什么不能呢？"巴拉斯说："您难道不知道，我的母亲是一个患有精神分裂症的人，我的父亲是残疾人，并且还是一个酒鬼，我的家境很糟糕……"

威尔逊再次反问她："这些跟你跳高又有什么关系呢？"巴拉斯回答不上来了，是啊，这跟她跳高又有什么关系呢。巴拉斯嗫嚅了半天说："因为我不是个好孩子，而你却是那么优秀。"威尔逊摇了摇头说："除非你自己不愿意成为一个好孩子，没有人天生就很优秀。另外，我要告诉你的是，别把不好的家境当成你变成好孩子的阻力，而要让它成为你的动力。"

说完，威尔逊给她加了一个 1 米高的栏杆，结果被巴拉斯轻易地跳过了。威尔逊又将那根栏杆撤下来，结果巴拉斯仅能跳过 0.6 米。威尔逊说："现在这根栏杆就是你苦难的家境，而没有这根栏杆，你跳高的时候就没有足够的动力，如果你不相信的话，我现在就将栏杆加到 1.2 米，你一定能够跳过去的。"巴拉斯咬了咬牙，真的跳过了 1.2 米。巴拉斯相信了威尔逊的话，决定要出人头地，以自己的实力来改变家里的现状。

后来，经过威尔逊的介绍，她加入了体育俱乐部，并认识了罗马尼亚的全国男子跳高冠军约·索特尔。在索特尔的精心培育下，14 岁的巴拉斯跳过了 1.51 米。1956 年夏天，19 岁的巴拉斯终于跳过了 1.75 米，第一次打破了世界纪录。

1958 年，她又以 1.78 米的成绩创造了新的世界纪录，并从此开始了巴拉斯时代。她在 1956 年至 1961 年的 5 年中，共 14 次刷新世界纪录。1960 年在罗马奥运会上，巴拉斯以 1.85 米的成绩获得了她一生中第一枚奥运金牌，比第二名的成绩高出 14 厘米。1961 年她再创世界纪录，越过了被誉为"世界屋脊"的 1.91 米的高度。此纪录一直保持了 10 年之久。从 1959 年到 1967 年，她在 140 次比赛中获胜，是世界上跳高比赛获胜最多的女运动员，被人们誉为喀尔巴阡山的"女飞鹰"。

可以说，跨越栏杆是人生的一次次挑战。面对生活和工作中的不如意，我们只有积蓄能量，想方设法去面对，才能成为自己的主人。选择跨越，一方面可以得到身心的磨炼与考验，增加驾驭命运、掌控未来的力量，另一方面也通过成功跨越增强了自己的信心，成就了自身的事业，使自己可以上升到更加广阔的发展平台。

布勃卡是闻名全球的奥运会撑竿跳冠军，他曾 35 次创造了撑竿跳世界纪录，享有"撑竿跳沙皇"的美誉。

在一次隆重、热烈的"国家勋章"授勋典礼上，记者们纷纷向他发问："你成功的秘诀是什么？"布勃卡只微笑着说了一句话："就是在每一次起跳前，我都会先把自己的心'摔'过横杆。"

殊不知，布勃卡和其的撑竿跳选手一样，也曾有过一段失落的日子。尽管他非常渴望成功，渴望创造新的成绩，不断地去冲击新的高度，但总是失败而返。为此，他苦恼过，彷徨过，也沮丧过，甚至动摇过，怀疑自己不是这块料。

有一天，他照例来到训练场，却怎么也打不起精神，连连叹气，他对教练说："我实在跳不过去。"教练问他："你心里是怎么想的？"布勃卡如实回答说："我只要一踏上起跑线，看到那根高悬的横杆时，心里就害怕。”教练一声断喝：“布勃卡！你现在要做的就是闭上眼睛，先把你的心从横杆上‘摔’过去！”教练的厉声训斥，让布勃卡如梦初醒，顿时恍然大悟。他遵从教练的吩咐，重新撑起跳竿又试跳了一次，这一次他果然顺利地一越而过。

对于弱者来说，栏杆似乎是无法逾越的障碍，阻挡他们前进的步伐，可能使人一蹶不振。但是只要你真正去努力了，你就会发现那个栏杆并没有想象中的那样高不可攀。而对于勇者而言，栏杆更是迈向成功的前进阶石，可以鼓舞人的斗志，壮大自身的实力。不断制造或寻找栏杆并努力跨越栏杆，命运将会开启成功之门，人生的舞台也就越精彩。

你比自己想象的更好

在成功的路上，也许你会遭遇贫穷、失业、疾病乃至失意，这些看似可怕，但其实都未必是坏事。只要自己别轻视自己，知道自己想要什么并为之付出，相信自己比想象的更好，最后就总有成功的一天。

一位成功学家曾经说过：“你一定比你想象的还要好，但是许多人并不这样认为。”事实上，许多杰出人士在年轻时就怀有大志，就想与众不同，无论遭遇任何磨难，仍相信自己是最好的。也可以这样说，你的坚持有多强，你的自信就有多强，你的路就有多长。

安徒生很小的时候，当鞋匠的父亲就过世了，留下他和母亲二人过着贫困的日子。

一天，他和一群小朋友获邀到皇宫里去见王子，请求赏赐。他满怀希望地唱歌、朗诵剧本，希望他的表现能获得王子的赞赏。

表演结束后，王子和蔼地问他：“你有什么需要我帮助的吗？”

安徒生自信地说：“我想写剧本，并在皇家剧院演出。”

王子把眼前这个有着小丑般的大鼻子和一双忧郁眼神的笨拙男孩从头到脚看了一遍，对他说：“朗诵剧本是一回事，写剧本又是另外一回事，我劝你还是去学一项有用的手艺吧！”

但是，怀揣梦想的安徒生回家后不但没有去学能糊口的手艺，却打破了他的存钱罐，向妈妈道别，到哥本哈根去追寻他的梦想。他在哥本哈根流浪，敲过几乎所有哥本哈根贵族家的门。没有人理会他，他也从未想到退却。他一直写作史诗、爱情小说，但都没能引起人们的注意，他虽然很伤心，但仍然坚持写了下去。

1825 年，安徒生随意写的几篇童话故事，出乎意料地引起了孩子们的争相阅读，许多读者渴望他的新作品发表，这一年，他30岁。

无独有偶，在美国，还有这样一位在窘迫的环境下成功的人。

他出生在美国的一个普通家庭，父亲勉强供他念到大学。

毕业后，他在一家杂志社谋到一份差事，并开始在报纸上发表文章。他雄心勃勃，想要成就一番大事业。几年过去了，他发表了不少文章，但仍然没有成名。他认为整天写短文章没出息，于是考虑写长篇小说。28岁那年，他终于写出了一部，但作品出版后，反应平平，既没有赚到钱，也没有获得期望中的名声。他的心一下子沉了下去，他开始怀疑自己的能力。

恰逢此时，他和杂志社老板闹意见，老板一怒之下，炒了他的鱿鱼。他四处求职，可是身上的钱已花得差不多时，工作还没着落，他越来越穷困潦倒。偏偏这时，一场人生的灾难骤然降临——他病倒了。

医生告诉他，这种病在短期内没法痊愈，需要长期住院观察。他听了以后，感到人生被画上了一个圆圈，他彻底绝望了。

日子在一天天过去，病情仍未见好转，他躺在床上什么都不做，感到全身空洞洞的。他开始胡思乱想起来。一天，他忽然想，为什么不找些轻松的书籍来阅读，譬如推理小说之类的呢?

说看就看，他真的找了几本看起来。两年后，他出院了，同时他发现自己竟在不知不觉间看了两千多册推理小说。或许是潜移默化，或许是其他原因，总之，他渐渐喜欢上了推理小说，最后，他干脆写起了推理小说。让他感到惊讶的是，他觉得自己竟然很适合写推理小说。

不久，他就写完一篇，并小心翼翼地送到编辑手上。让人深感意外的是，这篇名叫《班森杀人事件》的推理小说，一出版就大受欢迎，他由此迅速走红。

他叫范达因，被称为“美国推理小说之父”。他创作的《菲洛·万斯探案集》，成为世界推理小说史上的经典巨著，全球销售量达8000万册。

美国的学者吉思克尔说：“成功无法门，但失败一定会有所收获。”越早失败对一个人越有益，这样你才能在年轻时，获得大智慧。

中国台湾著名漫画家朱德庸25岁时红透宝岛，《双响炮》、《涩女郎》、《醋溜族》等作品深受人们喜爱。在大陆，他的漫画也非常抢手。他的《绝对小孩》已经成了很火的畅销书，可谁能想到，如此才华横溢的他在小时候却是一个问题孩子，并认为自己非常笨。

在他10岁左右的时候，他发现自己对文字反应迟钝，但对图形很敏感。于是他在学校里画，回到家里也画，书和作业本上的空白地方都被画得满满的。在学校受了哪个老师的批评，一回到家就画他，狠狠地画，让他“死”得非常惨。后来就有媒体发现了他，为他开设了漫画专栏。因为找准了自己与兴趣的最佳结合点，他成了一位优秀的漫画家。

每个人都应该永远记住这个真理，只有不断超越自我的人，才是一个真正聪明的人。人生在世，每个人都有自己独特的禀性和天赋，每个人都有自己独特的实现人生价值的切入点。只要按照自己的禀赋发展自己，不断地超越心灵的枷锁，就不会忽略了自己生命中的太阳，而湮没在他人的光辉里，也不会因为他人的看法而让自己感到自卑。

20世纪40年代，一个10岁的男孩胆怯地走进意大利北部小城莫迪纳一家为贵族子弟开办的音乐学校。这个男孩刚出生时就能发出独特明亮的声音，当时医生们都认为他长大后会成为一个出色的男高音。

在童年时代，小男孩一直生活在要成为歌唱家的期望中。但是他出身卑微，在当时的社会，一个靠卖面包为生的家庭是不可能让子女接受良好的音乐教育的。好在这所学校的校长看中了男孩的天赋，破格让他在这里学习。作为回报，男孩每天最早到学校为学生们烧开水，下午打扫完全校的卫生后才最后一个离开。

男孩非常珍惜这难得的学习机会，他比谁都刻苦。在学期末，全班同学中只有那个男孩通过了校长近似苛刻的考试。校长严厉地指责其他学生身处良好的环境，竟然得过且过，浪费光阴，只有那个男孩是班上最优秀的。

“校长，你有没有弄错，他可是卖面包的孩子啊！”教室里的学生们发出一片嘲笑声。这个男孩的脸被羞得通红，低下头一言不发。“孩子，你要把正视卑微当成你人生的第一堂课。卑微并不可怕，不思进取才是最不能容忍的。我相信你将来也是最优秀的。”

后来，这个男孩果然没有让校长失望，经过七年的不懈学习，男孩终于有了登台演出的机会。又用了七年时间，进入大都会歌剧院。而在第三年结束时，他成为了歌唱家。他就是当代最著名的男高音歌唱家帕瓦罗蒂。

1963年，他在英国伦敦出演的歌剧《波希米亚人》获得巨大成功，1990年夏天在意大利举办足球世界杯赛期间，三大男高音帕瓦罗蒂、多明戈、卡雷拉斯一起登台演出，从此，帕瓦罗蒂作为世界第一男高音而被世人认可。

回忆起他的成功之路，帕瓦罗蒂深情地说，童年时的校长告诉他，正视卑微是人生的第一堂课，他从那以后忘记了自己是面包匠的儿子，他认为在音乐面前，没有高贵，没有卑微，只有平等。

成功者告诉我们说，任何时候都不要觉得自己很卑微。哪怕现在一无所有，但是，一定要相信自己是最好的。有了这样的想法，就不会认为自己一无是处，就不会再垂头丧气。只要你认为自己比想象的更好，你就是最优秀的。

快乐是成功的法宝

人们通常认为成功会使人快乐，但美国一项最新研究表明，快乐才是促使人取得成功的关键因素。快乐的人似乎更乐意树立并努力实现一个个新的目标，这会进一步增强其乐观积极的情绪。要想成功，我们就要有一颗快乐的心。

有人说，快乐就是成功，这是一种充满阳光的人生哲学。在现实生活中，我们不难见到这样一类人，他们脸色红润，身体健康，笑口常开，心情愉快，他们活出了人之为人的全部趣味，但在事业上却没有太大的建树，与名利双收、功成名就不怎么沾边。这样的人是失败者吗？其实未必。

莎士比亚在谈到人生的处境时曾经有过一个很经典的比喻，他说，我们的身心就是一个园圃，而我们的主观意志就是园圃的园丁。我们不论是种植奇花异草或单独培植一种树木，还是任其荒芜，权力都在我们自己。也就是说，你假如愿意自己是快乐幸福的，你自己就可以做到，权力都在你自己的手里。一切都在我们个人的主观意志之中，我们可以让自己的生活充满喜悦，也可以让自己的生活丰富多彩。

美国专栏作家威廉·科贝特曾在一篇文章中写道：我们的目光不可能一下子投向数十年之后，我们的手也不可能一下子就触摸到数十年后的那个目标，其间的距离，我们为什么不能用快乐的心态去完成呢？

年轻时，威廉·科贝特辞掉了报社的工作，一头扎进创作中去，可他心中的“鸿篇巨制”却一直写不出来，他感到十分痛苦和绝望。

一天，他在街上遇到了一位朋友，便不由得向他倾诉了自己的苦恼。朋友听了后，对他说：“咱们走路去我家好吗？”“走路去你家？至少也得走上几个小时。”朋友见他退缩，便改口说：“咱们就到前面走走吧。”

一路上，朋友带他到射击游艺场观看射击，到动物园观看猴子。他们走走停停，不知不觉，竟走到了朋友的家里。几个小时走下来，他们一点都没有感到累。在朋友家里，威廉·科贝特听到了让他终身难忘的一席话："今天走的路，你要记在心里，无论你与目标之间有多远，也要学会轻松地走路。只有这样，在走向目标的过程中，才不会感到烦闷，才不会被遥远的未来吓倒。"

就是这番话，改变了威廉·科贝特的创作态度。他不再把创作看做是一件苦差，而是在轻松的创作过程中，尽情地享受创作的快乐。不知不觉间，他写出了《莫德》、《交际》等一系列名篇佳作，成为美国著名的专栏作家。

境由心造，不论我们处于什么境地，我们都可以把它当做自己的福地。成功的时候，尽情地享受成功；逆境的时候，为未来的希望快乐。

在美国的阿拉斯加州，有一个小镇名叫格鲁特吉伦。这里靠近北极圈，全年平均气温只有4℃，冬天最低气温可达到-40℃，一年四季，该镇都笼罩在一片皑皑白雪之中。由于气候寒冷，居民的生活来源有限，因此，该镇失业人口众多，人们的生活极为艰苦。不少人悲观失望，郁郁寡欢，一些人甚至打算背井离乡，前往他处谋生。

为了驱散格鲁特吉伦镇的悲观气氛，鼓励当地居民积极生活，格鲁特吉伦镇委员会制定了一条在全世界都堪称独一无二的法令。该法令规定：每天傍晚6点至7点为"快乐一小时"时间，在这60分钟里，镇上的所有居民包括前往该镇旅游的客人都必须快快乐乐，不得吵架生气，悲观失望，愁眉苦脸，郁郁寡欢。如果谁违反了这一法令，轻者将处罚金，重者则强制学习，学习的内容是观看喜剧电影和诙谐有趣的电视脱口秀节目。

这一奇特的法令颁布后，每到傍晚6点至7点，那些面带微笑的警察和执法人员便走街串巷，观察人们是否正在"快乐"，如果发现不快乐者，执法者会微笑着对其进行处罚。渐渐地，在每天的"快乐一小时"期间，格鲁特吉伦镇就成了一个快乐大本营，无论男女老少，无论平民富商，大家都聚在一起，开怀大笑，相互逗乐。

也许，快乐是可以感染的，在这集体狂欢中，人人都变得心情舒畅，那些情绪低落的人也受到感染，加入到了快乐的队伍中。

也许，真的是"快乐法令"产生了效果，欢乐与温暖降临在了这个寒冷的北极小镇，使格鲁特吉伦镇充满了活力。

上个世纪初，一位少年梦想成为帕格尼尼那样的小提琴演奏家，他一有空闲就练琴，练得如痴如醉，走火入魔，然而却进步甚微，连父母都觉得这可怜的孩子拉得实在太蹩脚了，完全没有音乐天赋，但又怕讲出真话会伤害少年的自尊心。

有一天，少年去请教一位老琴师，老琴师说："孩子，你先拉一支曲子给我听听。"少年拉了帕格尼尼 24 首练习曲中的第三支，简直是破绽百出，不忍卒听。一曲终了，老琴师问少年："你为什么特别喜欢拉小提琴呢？"少年说："我想成功，我想成为帕格尼尼那样伟大的小提琴演奏家。"老琴师又问道："那你快乐吗？"少年回答："我非常快乐。"老琴师把少年带到自家的花园里，对他说："孩子，你感到快乐，这说明你已经成功了，又何必非要成为帕格尼尼那样伟大的小提琴演奏家不可呢？在我看来，快乐本身就是成功。"

少年听了琴师的话，深受触动，他终于明白过来，快乐是世间成本最低、风险也最低的成功，却能给人带来真正的实惠。假如舍此求他，就很可能会陷入失望、怅惘和郁闷的沼泽。少年心头的那团狂热之火从此冷静下来，他仍然常拉小提琴，但不再受困于帕格尼尼的梦想。这位少年就是阿尔伯特·爱因斯坦，他一生仍然喜欢小提琴，尽管拉得十分蹩脚，但却能自得其乐。

事实上，任何不能带来真正快乐的成功，都不能称之为成功。也许，那会是别人眼里的成功，但绝不是你自己认定的成功。很多大家认为的"成功者"，他自己却并不快乐。很多达到"成功"的人悔不当初，他们直到后来才终于了解，自己奋力追求的"成功"根本没有尽头，他们被囚禁在自己辛苦塑造起来的角色里，郁郁寡欢，苦不堪言。

成功者告诉我们说，努力去追求成功并不表示你达到了目的，努力之后能换得快乐和满足才是最重要的。快乐是成功的法宝，要想体会成功的滋味，就要有一颗快乐的心。

第五章

毅力篇

实现目标的关键在于坚持

安格尔曾经说："所有坚韧不拔的努力迟早会得到报酬。"的确，有了坚持，才有成功的可能，否则一切都是没有可能实现的。

日本成功人士本田宗一郎曾说："许多人梦想成功，对我来说，成功只有在多次失败后和对失败进行反省时才能取得。事实上，成功只代表着你的工作的1%，而99%意味着失败。有1%的希望，就应该坚持。"很多人往往是这样的，一旦心血来潮，就努力拼搏，经过一段时间的搏击，觉得成功无望，就轻易放弃了，结果成功离他而去。

在那段生命中最灰暗的日子里，法克兰·贝格四处碰壁，正准备辞职。他每天都留心报纸上的招聘广告，想另谋职业。他认为自己根本没有当推销员的天赋，所以只要不是做推销员，他什么工作都愿意做，他甚至想过到暖气公司当送货员、到港口当杂工等。

一天，他收到了一个名为"青年会"的协会的邀请，去参加一个名为"三C法则——正直的人生、正直的人格、正直的运动精神"的演讲活动。这是一个与众不同的演讲，因为参加的人不仅是听众，也是演讲者。确切地说，这是一个演讲训练班。

法克兰·贝格起初不想参加，因为他认为自己实在没有什么理由去参加这样一个供充满自信的年轻人聚集的会议。他觉得自己是一个一事无成的失败者，没有信心也没有资格在众目睽睽下诉说自己的经历。可是他转念又一想："连参加这样一个小小的演讲都不敢，还能有什么大的作为呢？"于是，第二天一大早，他就来到了会场。

会场里座无虚席，大约有一百多人。法克兰·贝格找了一个不起眼的小角落坐下来。这时，一个年轻人走上讲台，慷慨激昂地讲述了自己的经历。当他走下讲台后，一位老师走了上去，对他的演讲发表评论，指出他有哪些值得肯定的地方，还有哪些需要改进的地方。

这位老师给法克兰·贝格留下了深刻的印象，于是他问主持人："刚才站起来讲话的那位老师是谁？"主持人告诉他，这位老师就是大名鼎鼎的训练大师戴尔·卡耐基。

后来，法克兰·贝格来到了卡耐基面前："卡耐基先生，您好，我是费城人寿保险公司的推销员法克兰·贝格。很高兴认识您！""您好，贝格先生。"卡耐基和蔼地说。接着，法克兰向卡耐基讲述了自己的经历，并问他："卡耐基先生，您能给我一点儿建议吗？我怎样才能克服这些缺点呢？"

"来吧，小伙子，下一个就轮到你上台演讲了！"

法克兰·贝格没有料到卡耐基会让自己上台演讲，他吃惊极了，窘迫得满脸通红，害怕得要死，身体不停地发抖，因为他从来没有在这么多人面前讲过话。这时，他看到了卡耐基充满鼓励的目光。于是，他慢慢地站起身来，走上讲台。他支支吾吾地费了好大的劲儿才向大家介绍清楚他的名字。接着，他开始向大家讲述自己失败的经历。他的声音渐渐大了起来，越讲越有自信。当他讲完后，竟然有很多人对他说："您讲得棒极了。"

活动结束后，他回想了这一天的经历，惊奇地发现在很多人面前开口并不是一件困难的事。他找到了他以前在正式场合跟人说话总是畏畏缩缩的原因，那就是没有自信。如果这种心理不消除的话，即使做了别的工作，也不会成功的。而推销工作则会培养这种自信，因为在推销的过程中，会碰到各种各样的成功人士，他们是具有非凡的勇气和自信的一群人。推销员的工作就是要说服这些人，所以，这是一份锻炼自己、克服失败心理的最好的工作。想到这里，法克兰·贝格坚定了干下去的决心。

第二天，他又出去推销了。这次他主动拜访了当地的一位谷物商。这回，他在这位潜在的顾客面前滔滔不绝、非常兴奋，讲到兴起的时候还用拳头敲打桌子。他原本以为对方一定会打断他的话，并指出他的错误之处，没想到对方不但没有打断他，反而挺胸正坐，十分认真地听他把话说完，并且与他签了约。这是法克兰·贝格做成的第一笔成功的大买卖。后来，这位谷物商还和他成了好朋友。从此，他克服了恐惧的心理，放弃了改行的念头。

有人说，成功就是把简单的事情重复做，重复的事情坚持做。如果你有一个伟大的梦想，一个明确的目标，并且愿意为此付出行动，那么当你准备好一切，下定决心去做时，尽管会有困难和阻碍，也不要放弃，而要坚持，只有坚持才会成功。

因为，放弃就意味着失败，在今天的社会里，没有人会理睬你付出多少，没有人在意过程是多么艰难，人们看到的只有结果，也只有结果才能说明一切。你的承诺，你的雄心，你的能力，只有结果才能体现。

在一本杂志上曾经刊登过这样一个故事：

有两个人外出打猎，结果遇到了大风雪，大雪把他们回去的路标掩盖了，他们很快就迷了路。两个人在树林里一直走了两天，起初他们相信很快就会走到营地。可是过了两天他们已经很疲惫了，在最后的时刻，他们绝望了，没有坚持走完剩余的路程。

当营救人员发现他们的时候，他们其实离营地只有不足两百米的距离。当初他们看到最后一片树林之后，觉得很失望，认为再也找不到回去的路了，然而他们不知道树林的后面就是营地的帐篷。

迪斯尼乐园号称是地球上最欢乐的地方，每年有成千上万的游客享受到前所未有的“迪斯尼欢乐”，而这一切都是出自于沃尔特·迪斯尼一个人的决心和坚持。当初他四处向银行融资，可每家银行都认为他的想法怪异。他三番五次地遭到拒绝，但是他一如既往地前进，直到被拒绝302次之后，才终于被一家银行所接受，获得了贷款，从此实现了他的梦想。假如他不坚持的话，他也许就不会成功。

由此我们可以明白一个道理：成功永远属于勇于坚持的人。遗憾的是，我们总是会在出现机遇的时候无法把握自己，也因此无法把握自己的人生。但是不要忘记，机遇往往是给那些坚持到底的人的。

瑞典化学家舍勒在1773年以前，就通过实验制取了纯净的氧气。但是，作为“燃素说”的忠实信徒，他错误地把这种气体叫“火气”，并且认为燃烧是火气与燃烧物中的燃素结合的过程，火和热是火气与燃素化合的产物，从而没能正确地解释燃烧现象。

几乎与此同时，英国化学家普里斯特利也通过实验制取了这种气体。他把蜡烛放在这种气体中，发现火焰比在空气中更加炽热明亮。他还把老鼠放进去，发现它比在等体积的寻常空气中存活的时间约长了四倍。他亲自尝试了一下，一吸进去，便“觉得这种空气使呼吸轻快了许多，使人感到格外舒畅”。但他没有继续研究，而是开始了在欧洲大陆的度假旅行。

当科学的珍珠出现在舍勒和普里斯特利眼前的时候，他们没有鉴别出来，而是把它看成了鱼目，从而与机遇女神失之交臂。于是，机遇女神把青睐的目光投向了拉瓦锡。拉瓦锡发现“燃素学说”存在着许许多多的破绽。比如，既然金属在煅烧中逸出燃素，那为什么质量反倒增加呢？而蜡烛在燃烧之后，竟一无所剩，似乎全部消失了。

为了弄清事实的真相，拉瓦锡开始了严格的实验。他首先仔细地称量了装有空气和固态物质的密闭容器，然后用凸透镜将阳光聚焦在物质上，或者用火加热。当物质燃烧完后，再重新称量装有反应物的容器。他用各种不同的物质反复进行实验，结果都表明，密封容器的质量在燃烧前后都不变。

这到底是什么原因呢？拉瓦锡的大脑开始了紧张的思索。后来他终于得出结论：原来，在没有密封的燃烧当中，空气中有一种新的物质元素参与了反应，使得物质燃烧前后质量不一。因此，他把这种气体命名为“酸素”，也就是我们今天所说的氧气。

我们都知道，每一项科学的发明创造都离不开发明者一次又一次的坚持，一直到最后的成功。英国化学家普里斯特利就是因为没有对自己的初步研究继续坚持下去，结果使自己和最后的发现失之交臂了。虽然，我们每一个人都不是科学家，但是在生活中的每一次坚持都会让我们有所收益。

再走一步就成功

成功需要付出百倍的努力，但很多人往往只做到了99倍的付出便放弃了。没有坚持到底而让成功擦肩而过这不能不说是一种遗憾，其实，只要再坚持一点点，成功便会到来。

也许，我们的人生旅途上沼泽遍布，荆棘丛生；也许我们追求的风景总是山重水复，不见柳暗花明；也许，我们的成功之路总是那么坎坷，这时，我们要以勇敢者的气魄，坚定而自信地对自己说一声："再试一次。"

有个年轻人去微软公司应聘，而该公司并没有刊登过招聘广告。面对总经理的疑惑不解，年轻人用不太娴熟的英语解释说自己是碰巧路过这里，就贸然进来了。

总经理感觉很新鲜，破例让他一试。可是在面试中，年轻人表现糟糕。他对总经理的解释是事先没有准备，总经理以为他不过是找个托词下台阶，就随口应道："等你准备好了再来试吧。"

一周后，年轻人再次走进微软公司的大门，这次他依然没有成功。但比起第一次，他的表现要好得多。而总经理给他的回答仍然同上次一样："等你准备好了再来试。"就这样，这个青年先后五次踏进微软公司的大门，最终被公司录用，并成为公司的重点培养对象。

其实，坚持是一种习惯，是一种美德，更是通往成功的必经之路。很多时候，往往不是成功嫌弃我们，而是我们自己远离了成功。无数事实表明，只要肯坚持，就会获得最后的成功。

1943年，美国的《黑人文摘》刚开始创刊时，前景并不被看好。它的创办人约翰森为了扩大该杂志的发行量，积极地准备作一些宣传。

他决定组织撰写一系列"假如我是黑人"的文章，请白人把自己放在黑人的位置上，严肃地看待这个问题。他想，如果能请罗斯福总统的夫人埃莉诺来写这样一篇文章就最好不过了。于是，约翰森便给她寄去了一封非常诚恳的信。

罗斯福夫人回信说，她太忙，没时间写。但是约翰森并没有因此而气馁，他又给她寄去了一封信，但她回信还是说太忙。以后，每隔半个月，约翰森就会准时给罗斯福夫人寄去一封信，言辞也愈加恳切。

不久，罗斯福夫人因公事来到约翰森所在的芝加哥市，并准备在该市逗留两日。约翰森得此消息，喜出望外，立即给总统夫人发了一份电报，恳请她在芝加哥逗留的时间里，给《黑人文摘》写一篇文章。

罗斯福夫人收到电报后，没有再拒绝。她觉得，无论多忙，她再也不能说“不”了。

这个消息一传出去，全国都知道了。直接的结果是，《黑人文摘》杂志在一个月内，销量由 2 万份增加到了 15 万份。后来，他又出版了黑人系列杂志，并开始经营书籍出版、广播电台、女性化妆品等事业，成为闻名全球的富豪。

成功学家陈安之说：“你到底是想要成功，还是一定要成功？想要跟一定要有绝对的差别，世界最顶尖的成功人士，都决定一定要，而一般没有成功的人，都只是想要而已。我认为，成功有三个最重要的秘诀：第一是有强烈的欲望，第二还是要有强烈的欲望，第三还是要有强烈的欲望。”

事实上，成功从来就不会是一条风和日丽的坦途，面对每一次挫折与失败，我们应该始终怀有“再试一次”的勇气与信心。也许再试一次，我们就听见了成功的脚步声。

正如陈安之所说：“不管做什么事，只要放弃了就没有成功的机会；不放弃，就会一直拥有成功的希望。如果你有 99% 想要成功的欲望，却有 1% 想要放弃的念头，这样的人是没有办法成功的。人们经常在做了 90% 的工作后，放弃了最后让他们成功的 10%。这不但输掉了开始时的投资，更丧失了经由最后的努力而发现宝藏的喜悦。”因此说，再试一次，你就有可能到达成功的彼岸。再试一次，成功就在眼前。

成功的原因在于不屈不挠

俾斯麦说，对于不屈不挠的人来说，没有失败这回事。在那些意志坚定的人眼里，他们从来不把眼前的困难看得难以克服。对他们而言，没有不屈不挠的劲头，也就没有成功的获得。

可以说，没有谁的成功之路是那么顺利的。坎坷总是难免的，而成功者与失败者遇到的困难几乎没什么差别，但之所以有成功有失败，主要原因在于对待困难的态度。可以毫不夸张地说，成功的一大关键因素在于不屈不挠。如果有了这种精神，那一定会得到成功的青睐。

贝基拉出生在埃塞俄比亚的一个贫苦家庭，很小的时候，他就渴望成为一名驰骋赛场的长跑健将。他时常站在训练场边，羡慕地看运动员们的训练。但极度贫寒的家境，让他自卑得有些羞愧——他不仅拿不出训练费，连最便宜的普通跑鞋也买不起。

那天，贝基拉不知不觉地又走到训练场边，望着跑道上那些奔跑的身影，他既羡慕又难过，心头奔跑的希望亮起来，又黯淡下去。

一位跨栏教练听了贝基拉的倾诉，将他带到一组很矮的栏杆前，让他一路跑过去，结果，他轻松地跨越了一个个栏杆。教练又指了指那组已升高到足有1.5米的栏杆前让他再试一试，他努力了好几次，也没能跨过去。

这时，教练平静地告诉他："孩子，你刚才所说的那些困难。就像眼前的这一道道栏杆，它们会横在每个人的面前，那些你现在跨不过去的栏杆，可以在一次次的失败后，最终跨越它们。你还可以踢翻它们，也可以绕过它们，你只要盯准你向往的前方，只管努力地向前奔跑，相信没有什么可以拦住你的梦想。"

教练的一席话重新点燃了贝基拉的希望。从此，买不起跑鞋的贝基拉开始了他坚定而执著的赤脚奔跑训练。广袤的原野、泥泞的山路、坚硬的戈壁滩上……随处可见他奔跑的身影，他已练出了一双铁脚板。数年后，他成了埃塞俄比亚著名的马拉松运动员。

在1960年罗马奥运会的马拉松赛场上，贝基拉一出现，便引起人们的关注，因为他是唯一赤脚的运动员。在数万名现场观众热烈的掌声中，贝基拉为他的祖国赢得了一块沉甸甸的金牌。

四年后，在距1964年的东京奥运会开幕还有20多天时，贝基拉动了一次手术，很多人以为他会放弃比赛。然而，32岁的他不仅出现在马拉松赛场上，而且再夺金牌，成为奥运史上第一个蝉联这个项目冠军的选手，也成为埃塞俄比亚的民族英雄。

面对记者们的话筒，贝基拉激动地感慨道："一切都很简单，只要站在跑道上，就没有什么障碍可以拦住奔跑的雄心，就只管向前，再向前，一路向前地奔赴梦想的终点。"

没错，在每个人面前，都可能会横着一些诸如清贫、疾病、磨难之类的障碍，只要不失去向前奔跑的雄心，就能勇敢地跨越它们，就会抵达梦想的前方。

美国作家斯蒂芬·金，被认为是当今世界上拥有读者最多的美国小说家。他在接受记者采访时，说到这样一件事："六岁那年，我生病休学在家，看了不少漫画书和一些动物的故事，那时候我便开始写作。一开始只是模仿，不久之后，我写了一篇四只魔法兔子开着旧车帮助小孩的故事。只有四页长，是用铅笔写的。我把它拿给妈妈看，她立刻放下手中的事读了起来。她看了我的故事后开怀大笑，说它好得可以出书了。我听了简直乐不可支。她还奖励我一块钱作为稿费，并把它寄给她的四个姐妹看。"

其实，斯蒂芬·金一直到３０多岁都还只是一个只能收到退稿的作者，但想到妈妈是那样地欣赏他，后来又得到妻子的支持，他便一直坚持下去，直到取得巨大的成功。

伏尔泰说得好："要在这个世界上获得成功，就必须坚持到底——剑至死都不能离手。"

对于每个想要成功的人来说，不屈不挠的精神是必备的，有了这种精神，就有了克服困难的勇气，就能勇敢地面对一切艰难险阻，就能最终品尝到成功的果实。

总有一扇门为你打开

每一个人要成功，首先要对自己有着清楚的了解，了解自己的优势和劣势，了解自己真正适合从事什么样的事业，适合用什么方式来做事情。只有这样，才能真正找到适合自己的事业，才能真正全力以赴地去做好它，也才有可能获得成功。

陈安之说："我认为成功的起始点来自于自我分析。因为每一个人都一定要了解自己，了解自己到底要成为什么样的人，了解自己的人生目标到底是什么，了解自己最适合做什么样的工作。"

很多人羡慕别人的成功，总是觉得自己低人一等，其实，每个人都有自己的可取之处。只要发现适合自己的事情并全力以赴地去做，哪怕暂时遇到了黑暗也没有什么可怕的。坚持做下去，就能看到曙光，就能看到希望。

一个男孩在求学路上屡遭失败和打击。在确认他不适合在校读书后，他的母亲很是伤心。她将孩子领回家，准备靠自己的力量把孩子培养成才。可是这孩子无论如何都记不住那些需要记忆的知识。于是，在妈妈眼中，这男孩是一个不长进的孩子，怎么教他，他都学不会。

母亲彻底失望了，因为男孩参加了几次高考都失败了，最终也没能走进大学校门。

男孩知道他在母亲的眼里是一个失败者。母亲曾悲伤无奈地说："朽木不可雕，你原本是块朽木，怎么雕都不会成器。"听了母亲的话，男孩很难过，他决定远走他乡去寻找自己的事业。

许多年以后，男孩回来了，他已长成了一个成熟的男人。

有一天，他希望母亲同他去参加一个名厨大赛。在名厨大赛上，这个男人表现出多种厨师技艺，他做出的每一道菜都是色香味俱佳。最终，在专家的评选结果中，他取得了名厨大赛的冠军。

在一片热烈的掌声中，他走上领奖台，激动地说："我想把名厨大赛的冠军奖杯献给我的母亲，因为我读书时没有获得她期望中的成功。她曾极度失望地认为我是朽木，现在我要告诉她，妈妈，我不是朽木，大学里没有我的位置，但在生活中总会有一个位置是属于我的，而且是成功的位置。妈妈，总会有一把钥匙是属于我的，总会有一扇门是为我打开的。"

台下那位陪儿子一起来观看名厨大赛的母亲，万万没有想到，最终成为名厨冠军的居然是自己认为不成器的儿子。她流下了激动的泪水，深情地对儿子说："孩子，你不再是朽木，你是妈妈的骄傲。"

许多人都在生活中苦苦寻觅着自己的位置，但很难找到。其实，在任何时候，遇到打击和失败都是正常的，但是千万不能灰心，因为条条大路通罗马，成功的道路不止一条。天生我才必有用，只要你努力进取，总有一扇门是为你打开的，总有一把钥匙属于你自己。

从失败到成功，只需在某一点上不平凡

人生成功的诀窍在于经营自己的长处，经营长处能使自己的人生增值，否则，必将使自己的人生贬值。经营长处就是做自己擅长的事，哪怕没有骄人的长处，只要有一点自己能做好的事，那就毫不犹豫地去做吧。

成功是多元的，并没有贵贱之分，适合自己的、自己擅长的就是最好的，也就是成功的。成功者的故事告诉我们，从失败到成功，只需要在某一点上与众不同，那就足够了。

奥托·瓦拉赫是诺贝尔化学奖的获得者，他的成才过程极富传奇色彩。

瓦拉赫在读中学时，父母为他选择的是一条文学之路，不料一个学期下来，老师为他写下了这样的评语："瓦拉赫很用功，但过分拘泥，这样的人即使有着完美的品德，也决不可能在文学上发挥出来。"此后，父母只好让他改学油画。可瓦拉赫既不善于构图，又不会润色，对艺术的理解力也不强，成绩在班上是倒数第一，老师的评语更是令人难以接受："你是绘画艺术方面的不可造就之才。"

面对如此"笨拙"的学生，绝大部分老师都认为他已成才无望，只有化学老师认为他做事一丝不苟，具备做好化学实验应有的品格，因此建议他学化学。父母接受了化学老师的建议。结果，瓦拉赫智慧的火花一下被点着了。这样一位在文学、绘画方面的"不可造就之才"一下子变成了公认的化学方面的"前程远大的高才生"。在同学中，他遥遥领先。

瓦拉赫的成功，说明了这样一个道理：人的智能发展都不是均衡的，都有智能的强点和弱点，但人一旦找到自己智能的最佳点，使智能潜力得到充分的发挥，便可取得惊人的成绩。这一现象人们常称之为"瓦拉赫效应"。

幸运之神就是这样垂青忠于自己个性长处的人，很多成功者的故事也说明了这

个道理。

有一个孩子，在学校时的功课差极了：读小学时，他的学习成绩是倒数的；中学时，他的物理成绩常是零分，被学校认为是有史以来物理成绩最糟糕的学生；在拉丁语、代数以及英语等科目上，他同样表现得惨不忍睹。虽然他也努力过，可是几乎没什么效果，他在学业方面取得的进步几乎为零。而且，他的体育也不好，虽然他参加了学校的高尔夫球队，但是在比赛中，他常常输得一塌糊涂。

大家都认为他是个白痴。伙伴们嘲笑他，说他是失败的难兄难弟。邻居们说，这个孩子将来注定一事无成。父母听到这样的话，暗暗为他担心。但就是这个在许多方面无可救药的失败者，却相信自己拥有不平凡的绘画才能："我想我是那种天生画漫画的人，这似乎是常人无法理解的，我为自己的作品深感自豪。"因此，他决心成为一名职业漫画家。

然而，现实与梦想之间的距离总是很遥远。除了他本人，他的那些涂鸦之作从来没有人看得上眼。上中学时，他向毕业年刊的编辑提交了几幅漫画，结果一幅也没被采用。中学毕业后，他曾经拿着漫画，在两个星期内跑了30多家公司，一次次面对别人的白眼和拒绝。在走投无路之际，他总是告诫自己："要记得你心里的梦想。"

在以后的日子里。他尝试着用画笔来描绘自己的人生经历，他用漫画语言讲述了自己晦涩的童年、不堪的少年时光——一个学业糟糕的不及格生、一个屡遭退稿的所谓艺术家、一个没人注意的失败者。从他的画笔下走出了一个名叫查理·布朗的小男孩，他放的风筝从来就没有飞起来过，他从来没踢好过一场足球，他的朋友一直叫他"木头脑袋"……

连他自己都没有想到，他以睿智、诚实和极具表现力的作品，营造了一个充满幽默、幻想、温暖和忧伤的漫画世界，开创了漫画的新天地。他创作的连环漫画《花生》，很快就风靡全世界。

他就是美国漫画家查尔斯·舒尔茨，在他的笔下，出现了史努比、查理·布朗、莱纳斯、露西等一个个可爱的形象。

1958年，查尔斯·舒尔茨被选为耶鲁大学年度"最佳漫画家"，1978年，被选为蒙特利尔国际幽默节年度"最佳漫画家"。他曾两度获得漫画艺术的最高殊荣——"鲁本奖"。1990年，查尔斯·舒尔茨得到法国文艺勋章，并多次登上《福布斯》杂志年收入最高艺人排行榜，成为历史上最富有的漫画家。

查尔斯·舒尔茨成了一个名副其实的漫画大家，他的漫画作品已流传至全球近百个国家。3亿册漫画书和50部卡通片，每天陪伴几亿读者一同欢笑。

查尔斯·舒尔茨的经典名言是："我一直就相信，人只要有一项长处就足够了，我的长处就是画漫画。在许多方面我一败涂地，只在画画这一点上稳住了自己。而所谓的成功，也只是需要你在某一点上自命不凡，自始至终。"

成功学专家罗宾曾经在《唤醒心中的巨人》一书中这样说过："每个人的身上都蕴藏着一份特殊的才能。那份才能犹如一位熟睡的的巨人，等待着我们去唤醒他……上天不会亏待任何一个人，他给我们每个人以无穷的机会去充分发挥所长……我们每个人的身上都藏着可以立即支取的能力，凭借这种能力，我们完全可以改变自己的人生，只要下决心改变，那么，长久以来的美梦便可以实现。"

事实也就是这样，我们只要找到最适合自己做的事并全力以赴地付出，成功也就指日可待。与其羡慕他人的成绩，不如做自己最擅长的事，这样才有可能早日赢得成功。

敢于坚持才能爬过成功的墙头

很多成功者的事迹都说明了这样一个道理：成功在于点滴积累，需要在每一个细节比别人做得都好一点，比别人的耐力更持久一点。只要肯坚持，就能成功。

成功需要坚持，这话不无道理。确定好了前进的方向，就要踏踏实实地去做，不管遇到什么，都不要轻易放弃。不论做什么事，如果不坚持到底，半途而废，那么再简单的事也只能是功亏一篑。相反，只要抱着持之以恒的精神，再难办的事情也会变得很容易。

曾经，有一只青蛙，遇到了干旱，它就想要去挖井找水喝。它费了很大的力气去挖井，结果挖来挖去挖到了一块大石头。它觉得不可能找到水了，它很绝望，不肯继续挖下去，结果渴死了。

其实这块石头也不大，它只要搬开这块石头就会找到水源。可惜它没有坚持。如果它能在最后的时刻不放弃希望，就会看到那份期待的惊喜。

当然，并不是所有的坚持都会取得胜利。比如，我们做一件事，虽然你尽了最大的努力，没有一丝松懈，但迎接你的却仍是失败。这时，请你不要懊悔。因为你尽管是失败者，但只要努力去做好你应做的事，只要你尽了自己的力量，那么即使失败，你也是强者。而成功从某种角度来看，也并没有那么难，只要多一次努力，再坚持一次，就能看到成功的希望。

有一对进城打工的姐妹，几经周折才被一家礼品公司聘为业务员。

她们没有固定的客户，也没有任何关系，每天只能提着沉重的各种工艺品的样品，沿着城市的大街小巷去寻找买主。五个多月过去了，她们跑断了腿，磨破了嘴，仍然到处碰壁，连一个钥匙链也没有推销出去。

无数次的失望磨掉了妹妹最后的耐心，她向姐姐提出两个人一起辞职，重找出路。姐姐说，万事开头难，再坚持一阵，兴许下一次就有收获。但妹妹不顾姐姐的挽留，毅然告别了那家公司。

第二天，姐妹俩一同出门。妹妹按照招聘广告的指引到处找工作，姐姐依然提着样品四处寻找客户。那天晚上，两个人回到出租屋时却是两种心境：妹妹求职无功而返，姐姐却拿回来推销生涯的第一张订单。一家姐姐四次登门过的公司要召开一个大型会议，向她订购300套精美的工艺品作为与会代表的纪念品，总价值20多万元。姐姐因此拿到两万元的提成，淘到了打工的第一桶金。从此，姐姐的业绩不断攀升，订单一个接一个而来。

六年过去了，姐姐不仅拥有了汽车，还拥有了宽敞的住房和自己的礼品公司。而妹妹的工作却走马灯似的换着，连穿衣吃饭都要靠姐姐资助。

妹妹向姐姐请教成功的真谛。姐姐说："其实，我成功的全部秘诀就在于我比你多了一次努力。"

只相差一次努力，就使原本天赋相当机遇相同的姐妹俩走上了迥然不同的人生之路。其实，不只是这位姐姐，多少业绩辉煌的知名人士，最初的成功也就源于"多了一次努力"。

爱·罗塞尼奥是第七届哥斯达黎加国际马拉松赛的冠军。当他从领奖台上走下来的时候，有记者问他，是什么力量让他坚持到最后，跑在最前面。他想了想，就讲了一个自己的故事。

在上中学的时候，有一次他参加学校举办的10公里越野赛。开始时，他跑得很轻松，慢慢地，他感觉有些跑不动了，汗流浃背，脚底发虚，很想停下来歇一歇，喝口水。这时，一辆校巴开了过来，校巴是专门在赛跑路线上接送那些跑不动或者受伤的学生的。他很想上车，但还是忍住了。

又跑了一段时间，他感到两眼模糊，胸口发紧，双腿灌铅似的沉重，停下来休息的愿望又强烈地袭了上来。又一辆校巴开过来了，他迟疑了一下，还是压制住了他那极速膨胀的渴望，继续朝前跑。

不知又跑了多久，到了一个小山坡前，他感到眼冒金星，全身虚脱，两条腿似乎不再属于自己。他觉得要爬上眼前这个小小的山坡，对他来说绝不亚于攀登珠穆朗玛峰。他绝望了，不想再坚持了。当校巴再一次开过来的时候，他没有犹豫，上车了。

没想到的是，校巴开过那个小山坡一拐弯就到了终点。这让他后悔极了，要是再坚持一分钟，冲刺一下，就能越过小山坡，跑到终点，那该是多么令人骄傲的事情啊。

从那以后，每次参加比赛，当感到自己跑不动、快要泄气的时候，他就不断地对自己说："再坚持一分钟，快到终点了！"就这样，他一直跑到了世界冠军的领奖台。

英国埃克塞特大学心理学教授迈克·侯威专门研究神童与天才，他得出的结论很有意思："一般人以为天才是自然发生、流畅而不受阻的闪亮才华，其实，天才也必须耗费至少十年的光阴来学习他们的非凡技能，绝无例外。要成为专家，需要拥有顽固的个性和坚持的能力……每一行的专业人士，都要投入庞大的心血，培养自己的专业才能。一个人再有写作的才华，也要靠练习和经验才能抓住文学技巧的窍门。所有成功的作家一辈子都是读者，而且大多数在年幼时就养成习惯，将思想付诸文字……"

这位心理学家还统计过，以学钢琴为例，假如想要变成还不错的业余钢琴家，至少需要专注地投入三千个小时的练习；如果要达到专业水准，一万个小时是跑不了的。还有其他各种运动和外语，要想成为专业人士，用的时间也差不多。

在工作中也是一样，当工作的状态僵持在冰冻的严冬时，要相信机会和转折也在其中，耐心等待，再坚持一下，就会迎来你人生的春天。

可以说，生活中有很多事情需要去坚持，只有这样才有可能成功。当你处于最困难的境地时，也就是离成功最近之时。只要你有信心并且用乐观的态度和平和的心态去对待它，相信在不久的将来，在不经意之间，你就会收获属于自己的成功。

挫折不是障碍

很多人非常羡慕成功者所取得的成就，但这些人从没想到成功者奋斗的艰辛和遭遇挫折时的痛苦。可以这样说，几乎所有的成功者都是从挫折中走出来的。

困难和挫折可以把人吓倒，使人唉声叹气，退缩不前，也可使人精神振奋，经受磨炼，增长才干，增强意志，就看你如何对待它。只有那些面对困难和挫折而毫无惧色的人，才能到达成功的顶峰。

挫折不可能避免，但也并不可怕，可怕的是在挫折面前失去自我，失去了自信，失去了与困难作斗争的勇气。我们每个人在追求成功的道路上都或多或少会遇到一些挫折，但有一点可以肯定，那就是任何挫折都是可以战胜的。挫折，在弱者面前是一座大山，难以逾越，在强者面前只是一粒尘土，阻挡不住前进的脚步。一个甘愿做挫折的奴隶的人，只能是一个彻头彻尾的失败者。只有正视挫折，笑对挫折的人才可能是一个成功者。

在美国，有一位叫库帕的大学生在毕业后找不到工作，就在弹尽粮绝的时候，他决定去乔治的公司试试。库帕是一位无线电爱好者，从小就崇拜无线电界的资深人士乔治，如果乔治能够接纳他，他想，自己肯定能够学到很多东西，日后也能像乔治一样在无线电行业取得巨大的成绩。

当库帕敲开乔治的房门时，乔治正在专心研究无线电话，也就是我们现在常用的手机。库帕将自己在心里想了很久的话，小心翼翼地在乔治面前讲了出来。他说："尊敬的乔治先生，我很想成为您公司的一员，如果能够留在您的身边，当您的助手，那就更好了。当然，我不求待遇……"谁知，还没等库帕说完，乔治便粗暴地将他的话打断了。乔治用不屑的眼神看着库帕说："请问你是哪一年毕业的？干无线电多长时间了？"

库帕坦率地说："乔治先生，我是今年刚毕业的大学生，从没干过无线电工作，但是我很喜欢这项工作……"

乔治再次粗暴地打断了库帕："年轻人，我看你还是出去吧，我不想再见到你了，也请你别再耽误我的时间。"

原本诚惶诚恐忐忑不安的库帕，这时心情反倒平静了下来，他不慌不忙地说："乔治先生，我知道您现在正在忙什么，您在研究无线移动电话是吗？也许我能够帮上您的忙呢。"

虽然对库帕能够猜出自己正在研究的项目而感到惊讶，但乔治还是觉得面前的这个年轻人太幼稚，还不足以为自己所用，所以他坚决地下了逐客令。

1973年的一天，一名男子站在纽约街头，拿着一个约有两块砖头大的无线电话，引得过路人纷纷驻足注目。这个人就是手机的发明者马丁·库帕。当时，库帕是美国摩托罗拉公司的工程技术人员。库帕说："乔治，我现在正在用一部便携式无线电话跟您通话。"

乔治怎么也想不到，当年被自己拒之门外的年轻人真的在自己之前研制出了无线移动电话——手机。现在，手机已成为人们日常生活中不可缺少的通讯工具，而马丁·库帕的大名也为人们所熟知。

有记者在采访库帕时问："如果当时您被乔治收留，您肯定会协助乔治完成手机的研制，而这一功劳也肯定会是乔治的，是不是？"库帕回答说："不，如果当时乔治收留了我，我成了乔治的助手，我也许永远也研制不出现在的手机来。正因为他拒绝了我，掐断了让我想向他学习的念头，所以我才重新开辟出一条研制手机的道路，并且成功了。那条道路的名字就叫屈辱，我将乔治对我的羞辱化成了前进的动力。如果没有这种动力，即使我跟乔治联手也不一定能完成这项研制工作。"

挫折会让人变得强大，因此，挫折与成功一样重要。面对不顺的境遇，我们需要战胜挫折，超越挫折，只有这样，才会使自己获得更大的成功，而这种成功才是无比坚固的。

成功者说，要获得成功必须先经历挫折，挫折孕育着成功，而前提是坚定的信念和勇往直前的精神。当具备了这些条件之后，挫折就会被你踩在脚下，明天就是雨过天晴之时。

一百多年前，在比利时的一个农村降生了一个男婴。这名男婴到长大成人，经历了许多磨难，有几次险些丧命。他在四岁时吞下了一枚缝衣针，而后误食了硫酸。上天似乎在有意捉弄他，他走在大街上，都能被飞来的砖砸得头破血流。还有一次，因为路滑，他从楼上跌了下来。这些天灾人祸都足以夺走他的性命，但他并不屈服，他都坚持挺了过来，他依然相信只要自己坚持着，生活就会好起来。

长大后，他成了一名木匠，但幸运之神依然没有降临到他身上，他依然很贫困，但他并未放弃，他相信：只要坚持下去，生活会好起来的！后来他发明了一种乐器，形似一种烟斗，有金黄色的外表，可以发出优美动听的乐声。木匠为自己的创举兴奋不已，他以为生活会因此而改观，就奔赴巴黎推荐自己的乐器。

可辗转九年，他依然是个小木匠，没有一个乐器家会冒险尝试这种乐器。面对此种情况，他几乎崩溃了，他为自己的失意而忧郁，为上天的不公而愤懑，但他又一次坚持了下来，没有因此而屈服。终于，一位作曲家为他争取到了一次演出的机会，并为他作了曲。木匠将曲子练了一遍又一遍，以确保自己不会出差错。

然而，上天再一次捉弄了他，就在他乘坐马车快要到达音乐大厅时，车轮撞到路旁的一块石头上，他的乐器摔到石头上成了两半，木匠的心也碎成了两半。望着地上残碎的乐器，他想一走了之，以后安心做个小木匠。但他不甘心，他不相信上天会如此无情，于是他捡起乐器奔向大厅。

他将乐器拼接起来，双手紧紧握住，然后吹了起来。乐器奇迹般地发出了优美动听的声音，全场的观众都陶醉了。他们从来没听过如此动听的音乐。他们为木匠欢呼，送给他雷鸣般的掌声。

小木匠成功了，他的乐器一举成名，成为世界上最知名的乐器之一。它的名字是萨克斯管，而且是以木匠的名字阿道夫·萨克斯的名字命名的。如果不是阿道夫的坚持，那萨克斯必定不会那么快地为世人所知，世界乐坛也将失掉一颗璀璨的明珠。

人们往往羡慕获得成功时那光彩的瞬间，却很少去品味成功背后的坚韧不拔，这种坚韧不拔来自于对"挫折"的正确认识。人们大都以为"挫折"是失败，是可悲的，却不知道它也是让你坚强的武器，是捕捉成功信息的途径。当你一千次被打倒，又一千零一次地站起来的时候，你其实已经走向了成功。

是的，很多时候，成功就在你眼前，只要你坚持一次，再坚持一次，成功成为你囊中之物的可能性就增大了一些。

耐心是走向成功的基石

我们都知道欲速则不达的道理。一个有所追求的人，往往需要有极大的耐心，深入了解事物的关键所在，才能有的放矢，圆满地达到目标。遇到难题的时候，应该学会等待，慢慢寻找成熟的时机，如果急于求成，往往会适得其反。

很多人抱怨自己付出了太多，却没有得到相应的回报，而在成功者看来，成功就深埋在你的脚下，既看你想不想挖掘它，更看你挖掘得深不深。寻找成功，需要有一份不达目的誓不罢休的决心和耐心。在很多时候，总有办法可以解开难题。在方法总比困难多的情况下，只要大家耐心一点儿，再耐心一点儿，问题就会迎刃而解。

一家公司的老总在一次开会时，给员工出了一道智力题。题目是，一个容积为三升的油桶和一个容积为七升的油桶分别盛满了油，另外有一个容积为十升的空油桶，如何不借助其他工具把这十升的油分成两个五升的盛放在这些油桶中。

“五分钟内想出办法来。”老总说。“不是死题吧？”老总刚说完就有员工举手提问。老总微笑着说：“不是。”

大家开始想办法了，不到五分钟就有两个员工举手说想出来了。老总微笑着说，先不要说出答案，等等其他的员工。五分钟的时间到了，一共有四个人举手说知道答案了。

老总对其他没有想出办法的员工说，不要紧张，再给五分钟。五分钟过后，还有三个员工没有想出办法。这三个员工说：“算了吧，不想了，看看别人的答案吧。”

老总这时坚持着又给那三个员工五分钟的时间，结果还是有一个员工没有想出来，老总又给了这最后一个没想出办法的员工五分钟，最后，这个员工也想出了办法。

老总让最后想出办法的员工说出了答案：

1. 三升油桶中的油先倒入十升的油桶中，七升油桶中的油借助三升空油桶为器皿分两次倒入十升的油桶中，此时三升油桶为空，七升油桶中有一升油，十升油桶中有九升油；

2. 将七升油桶中的一升油倒入三升油桶中，再将十升油桶中其中的七升油倒入七升油桶中，至此三升的油桶中有一升油，七升的油桶中有七升油，十升的油桶中有两升油；

3. 用七升油桶中的油注满三升油桶，然后再将三升油桶中的油全部倒入十升的油桶中，至此问题搞定，七升油桶和十升油桶中各有五升油。

最后，老总微笑着说："其实，工作中是没有解不开的问题的，只要多点耐心，总会想到解决问题的办法。"

在面对困难的时候，坚持是最明智的选择。在成功的道路上，如果你没有耐心去等待成功的降临，那么，你就只好用一生的耐心去面对失败了。

日本有一个流传近千年的故事。

阿呆和阿土是两个渔民，总是梦想着成为富翁。

有一天，阿呆做了一个梦，梦里有人告诉他对岸岛上的寺里有49株朱槿树，开红花的一株下面埋了一坛黄金。阿呆满心欢喜地驾船去了小岛，岛上一切景象果然如梦中所说。春天一到，朱槿树全部开花，只不过开的是清一色的淡黄花。阿呆便垂头丧气地回去了。

阿土知道了这件事后也来到了寺里，从秋天一直等到第二年春天。果然，在春风的吹拂下，朱槿花凌空开放，一株朱槿树盛开出美丽绝伦的红花。阿土激动地在树下挖出了一坛黄金，成了村里最富有的人。

阿呆的梦想没有成真，阿土却实现了梦想。因为阿呆做事没有恒心、没有执著追求的精神。我们每个人都有自己的梦想，不管你的梦想是大还是小，要实现它，总会遇到很多的困难和挫折。如果你有了战胜困难的决心，有了不达目的决不罢休的执著精神，那你也一定会最终收获成功。

营销专家赫博特·特鲁曾对美国的电话推销员作过统计。他发现，推销员给某户人家第一次打电话时，多数人会拒绝购买推销员的商品。

这时，有44%的推销员就此打住，不再往这家打电话了。

有24%的推销员会隔几天再给这家去一次电话。如果对方还是没兴趣，这些推销员就偃旗息鼓，以后不再给那家打电话了。

有14%的推销员会锲而不舍，第三次打电话。但如果主人还是无动于衷，他们便放弃了。

还有12%的推销员坚韧不拔，直到第四次碰壁，才停止给这家主人打电话。也就是说有94%的推销员在四次尝试失败后，就放弃努力了。

特鲁又对购买过电话推销产品的家庭作了统计，结果发现，有60%的家庭是在接到推销员至少五次电话后才决定购买他的商品的。

也就是说，坚持到最后的那6%的推销员，能拥有60%的市场，而提前放弃的94%的同行却要苦苦拼抢40%的市场。

成功需要最后的那一点耐心，因为在放弃的时候，往往也正是离成功最近的时候，这是人生中不变的定理——人生犹如一条狭长漆黑的小巷，我们都穿行在其中，而且都不知道巷子的长度，只有走到了巷子的出口才算是成功。走在这样一条寂寞的小巷里，必须要有足够的信心和耐心。毫无疑问，离巷子出口最近的地方，就是我们熬不下去、准备回头之处。

当我们为某个目的努力奋斗了一段时间而未果的时候，如果没有信心和耐心而放弃了，就等于以前的努力都白费了，而这时候，却正是离成功最近的时候，因此，有点耐心，成功就会到来。

失败的唯一体现是放弃努力

努力不一定成功，但放弃一定失败，这句话已经被大多数人所熟知。但是，还有很多人在追求成功的路上没有坚持到底，半途而废。对于他们来说，这既是一种遗憾，更是一种不理智。

人生中有很多东西是可以放弃的，但万万不可轻言放弃的是努力。可以毫不夸张地说，几乎每个成功者，都曾经是个失败者。成功者与失败者的重要区别是：前者屡败屡战，绝不随便放弃努力；后者屡战屡败，轻易地放弃了努力。

多年前，科学家做过鲮鱼和鲦鱼的实验，可以说明这样的道理。他们用玻璃板把一个水池隔成两半，把一条鲮鱼和一条鲦鱼分别放在玻璃隔板的两侧。开始时，鲮鱼要吃鲦鱼，飞快地向鲦鱼游去，可一次次都撞在玻璃隔板上，游不过去。过了一段时间，鲮鱼放弃了努力，不再向鲦鱼那边游去。更有趣的是，当实验者将玻璃板抽出来之后，鲮鱼也不再尝试去吃鲦鱼。在几次失败后，鲮鱼失去了吃掉鲦鱼的信心，放弃了已经可以达到目的的努力。

其实，人也是一样，很多被认为是根本不可能的事情最后可以变成可能的事情，是因为有人没有放弃努力。而相反，很多原本没有那么难的问题却被轻易地放弃了，实在是可惜至极。而有的人坚持到底，不懈努力，最终获得了成功。

1927 年，美国阿肯色州的密西西比河大堤被水冲垮，一个九岁的黑人小男孩的家被冲毁。在洪水即将吞噬他的一刹那，母亲用力把他拉上了堤岸。

1923 年，男孩小学毕业了，但因为阿肯色州的中学不招收黑人，他只能到芝加哥读中学，但是，他家里没有那么多钱。于是，男孩的母亲作出了一个惊人的决定——让男孩复读一年。她则替 50 名工人洗衣、熨衣和做饭，为孩子攒钱上学。

1933 年的夏天，家里凑足了那笔血汗钱，母亲带着男孩踏上火车，奔向陌生的芝加哥。在芝加哥，母亲靠当佣人谋生。几年后，男孩以优异的成绩中学毕业，后来又顺利地读完大学。1942 年，他开始创办一份杂志，但最后一道障碍是缺少 500 美元的邮费，不能给订户发函。有一家信贷公司愿意借贷，但需要有一笔财产作抵押。母亲曾分期付款好长时间买了一批新家具，这是她一生最心爱的东西。但她最后还是同意将家具作了抵押。1943 年，那份杂志获得了巨大成功。男孩终于能做自己梦想多年的事了：将母亲列入他的公司花名册，并告诉她算是退休工人，再不用工作了。那天，母亲哭了，那个男孩也哭了。

后来在一段反常的日子里，男孩经营的一切仿佛都陷入谷底。面对巨大的困难和障碍，男孩已无力回天。他心情忧郁地告诉母亲："妈妈，看来这次我真要挫败了。"

"儿子，"她说，"你努力试过了吗？"

"试过。"

"非常努力吗？"

"是的。"

"很好。"母亲果断地结束了谈话，"无论何时，只要你努力尝试，就不会失败。"

果然，男孩渡过了难关，攀上了事业的新巅峰。这个男孩就是驰名世界的美国《黑人文摘》杂志创始人、约翰森出版公司总裁、拥有三家无线电台的约翰·约翰森。

约翰森的经历向我们昭示：命运全在搏击，奋斗就是希望。

失败只有一种，那就是放弃努力。成功者的看法一般是，放弃机会，成功的概率是零，等于把到手的成功拱手相让。尽力去努力，才有希望取得成功。即使失败了，也不后悔，不留遗憾。所以，我们无论做任何事，都要有这样的信念，才有可能取得成功，否则，将一事无成。

苏莎是一位著名的印度舞蹈家，然而在其事业的巅峰时期，却不幸遭遇了车祸，她的右腿被迫截肢。对于一个以舞蹈为职业的人来说，失去了一条腿，无疑也就失去了整个事业，但苏莎却并未因此而沮丧。

在随后的几个月里，苏莎邂逅了一位医生，这位医生用在硫化橡胶中填充海绵的方法改进了假肢技术，为苏莎量身定做了一只新型假肢。装上假肢后，苏莎重返舞台的愿望也变得日益强烈和迫切。苏莎知道，首先自己要坚信梦想一定能实现。于是，为重返舞蹈世界，她开始了艰苦的尝试，她学习平衡、弯曲、伸展、行走、转身、旋转，直到开始翩翩起舞。

在其后的每一次公开演出中，她都忐忑不安地问父亲演出效果如何，而每一次，她得到的回答都是："你还有很长一段路要走。"终于，在孟买的一次演出中，苏莎实现了历史性的恢复，她以令人不可思议的舞姿震惊了所有的观众，让每一位在场的观众都感动得热泪盈眶，苏莎也因为这次演出的巨大成功而重新夺回了原本属于她的舞蹈皇后的位置。当演出结束后，她再次向父亲征询意见，这次父亲什么也没有说，只是充满慈爱地抚摸着她的假肢，眼里满是爱。

苏莎奇迹般的成功，极大地鼓舞了当地的人们。经常有人问她，在近乎绝望的逆境中，你是如何战胜自己并最终取得成功的。苏莎总是很平淡地说："我经常告诫自己，跳舞用的是心而非脚。"

世界上没有任何事情是不可能的，如果你有成就事业的强烈愿望，你就已经成功了一半，剩下的就是用你的心去实现它了。如果你坚持，你就能成功，如果你放弃，那所有的努力都将化为乌有。

别总想着退路

如果你想成功，那你就没有退路。在成功者眼里，最大的失败就是放弃。今天很残酷，明天更残酷，后天很美好，但很多人都会把坚持和努力掐死在明天晚上。所以，只有极少数人能看到后天的阳光，而他们正是那些成功的人。

有位成功者这样说道：当我们不能后退时，就只有前行。的确，当人生没有退路时，我们才会更加努力地探寻出路。生活中，退路就是在为不成功找借口，在经历失败后，它就成了冠冕堂皇的退缩理由。当你为自己留出后路时，你就在失败上投下一枚筹码，你的信心就已经削减了一半。关键时刻，有破釜沉舟的勇气的人，才能给自己创造一个向生命高地冲锋的机会。

从这个角度来，只有一条路可走的人往往是最容易成功的人，因为别无选择，所以才会倾尽全力朝目标冲刺。有时只有斩断自己的退路，才能把不可能变成可能。只有将自己逼上梁山，才能找到出路。如果对自己太容忍，其实就是对自己的残忍。

盖尔已经 30 岁了，但是他却依然一事无成，上大学的时候同学和老师都夸奖过他的聪明，他也从来没有怀疑过自己的能力和智慧。可是他万万没有想到，毕业已经将近十年了，当其他同学都已经功成名就，至少也在某一领域小有成就的时候，他却依然像刚毕业时一样一无所有，甚至连刚毕业时荡漾在胸中的激情也消耗殆尽了。

盖尔渴望改变自己的现状，于是他去请教自己当年最敬佩的大学教师格林先生，现在格林先生已经是一家大型咨询公司的总裁了。格林先生见到盖尔非常高兴，当听到盖尔的诉说之后，他并没有安慰，也没有提出该如何帮助盖尔，不过他邀请盖尔这个周末参加公司举办的一个比赛。

“也许格林先生是想让我好好地放松一下，或者他是想通过这次比赛要考验我什么。”盖尔在心里胡乱揣测着。

比赛的日子很快就到了，这次比赛的要求很简单，那就是要选手们尽快到达目的地，而且有四条可供选手们选择的通往目的地的道路。

盖尔首先选择了一条道路，他怕这条道路难以到达目的地，所以他在出发前就把一根绳子绑在了自己的身上，这样等到返回的时候可以顺利找到后退的道路。走在这条路上没多久，他就感觉自己像进了迷宫一样，绕来绕去，怎么也找不到出口，更看不清目的地在哪里。他怀疑自己走错了路。还好，自己留了后路。在绳子的引导下，他很快回到了起点。

他又选择了第二条路，同样，他也在身上系了一根绳子。走了没多久，他依然碰到了一座迷宫。这次盖尔没有就此后退，几经周折，他终于走出了迷宫。但是，紧接着出现在他眼前的却是一片茂密的森林，森林里不见天日，简直比迷宫还难走。盖尔想：“我为什么不选择其他的道路呢？这条道路看起来根本就行不通。”于是，他又顺着绳子回去了，重新选择了第三条路。

同样，他又遇到了迷宫，不过有了前两次的经验，他很快就通过了迷宫。还没来得及高兴，盖尔就发现眼前是一座更加茂密的森林。怎么办呢？试着往前走吧，他无可奈何地想。盖尔仔细地勘察了一下地形，摸索着往前走，结果他走过去了。可是还没到高兴的时候，因为他的面前又出现了一条十分宽阔的大河，而且周围根本就没有一座可以过河的桥，也没有任何船只。盖尔暗暗地在心里抱怨设置比赛路线的人，他真想就此放弃，可是他又不想让格林先生失望，此时他把所有的希望都寄托到了第四条道路上。于是，他又沿着绳子走了回去。

站到第四条路的起点时，盖尔扔掉了手中的绳子，因为他现在已经没有回头路可走了，现在到达目的地的唯一选择就是一直向前方走去。与前三次一样，他同样经历了迷宫和森林，在走过了森林之后他仍然遇到了一条大河，河面上仍然没有一座桥，也没有一条船。但是，已经没有其他可供选择的道路了，而且他这次也没给自己留下后退的道路，抱怨和谩骂都无济于事，只有往前走了，要不然他不仅到不了目的地，没准还会被困在这里。

河水很深，而且十分冰冷，一心向前冲的盖尔现在已经顾不上这些了，他越来越接近大河的彼岸了，水中的盖尔甚至想：“如果大河前面有一片荆棘，我也必须从荆棘中开辟出一条道路来。”不过很快，盖尔就发现自己不用在荆棘中开辟道路了，因为他已经看到了目的地。上岸后，他立刻举起了目的地的旗帜兴奋地挥舞着，可是他很快就看到目的地旁边有四个出口——四条道路都可以到达目的地。更令他惊奇的是，其他几位选手都比他先到达了目的地。

格林先生紧紧地握住了盖尔的双手：“既然选择了向前走就要忘记后退的道路，因为你在给自己留后路的同时实际上已经开始扯你自己的后腿了。”

盖尔终于明白了格林先生的一番苦心，他也认清了自己失败的根源之所在。

不要妄想任何不劳而获的事情发生在自己身上，成功不会无缘无故地来到任何人面前。无论你选择哪条道路，都少不了遇到艰难坎坷，如果遇到困难就望而却步，那你永远都不会跨过困难；如果总想着后退的道路，那你迟早也得回到起点。这两个“如果”一旦都在你身上应验，那你就永远不会在征服困难的过程中获得成长，成功将永远与你无缘。

一个人有了决心，就能克服种种艰难，去赢得胜利，这样才能得到人们的敬仰。所以，有决心的人，必定是个最终的胜利者。只要有决心，就能增强信心，就能充分发挥才智，从而在事业上取得伟大的成就。

一位中国留学生刚到澳大利亚的时候，为了寻找一份能够糊口的工作，他骑着一辆自行车沿着环澳公路走了数日，替人放羊、割草、收庄稼、洗碗……只要给一口饭吃，他就会暂且停下疲惫的脚步。

有一天，在唐人街一家餐馆打工的他，看见报纸上刊出了澳洲电讯公司的招聘启事。留学生担心自己的英语不地道，专业不对口，他就选择了线路监控员的职位去应聘。过五关斩六将，眼看他就要得到那年薪三万五的职位了，不想招聘主管却出人意料地问他：“你有车吗？你会开车吗？我们这份工作要时常外出，没有车可是寸步难行。”

在澳大利亚，公民普遍拥有私家车，可这位留学生初来乍到，还属无车族。为了争取到这个极具诱惑力的工作，他不假思索地回答：“有，会！”“四天后，开着你的车来上班。”主管说。

四天之内要买车、学车谈何容易，但为了生存，留学生豁出去了。他在华人朋友那里借了 500 澳元，从旧车市场买了一辆“甲壳虫”。第一天他跟华人朋友学简单的驾驶技术；第二天在朋友屋后的那块大草坪上摸索练习；第三天歪歪斜斜地开着车上了公路；第四天他居然驾车去公司报了到。后来，他成了澳洲电讯的业务主管。

这位留学生的胆识确实令人佩服。如果他当初畏首畏尾地不敢向自己挑战，绝不会有后来的辉煌。那一刻，他毅然决然地斩断了自己的退路，让自己置身于命运的悬崖绝壁之上。正是面临这种后无退路的境地，人才会集中精力奋勇向前，从生活中争得属于自己的位置。

切断退路，不是将自己推向深渊，而是帮我们克服对深渊的恐惧，增加我们跨越深渊的勇气和信心，促使我们取得成功。切断退路，我们才能心无顾忌，才能迎难而上，才能将对困难的恐惧转变为求生的欲望和战胜困难的勇气，才能使我们走向成功。

第六章

行动篇

单是说还不够，要紧的是做

造船厂有一种力量强大的机器，能够把一些破烂的钢铁毫不费力地压成坚固的钢板。善于行动的人就像这种机器一样，异常坚定，只要决心去做，任何复杂困难的问题都无法阻止他们。

最消磨意志、摧毁创造力的事情，莫过于拥有梦想而不开始行动。一个目标明确、胸有成竹、充满自信的人，绝不会把自己的计划拿出来与别人反复讨论，除非他遇到了比他见识高得多、比他能力强得多的人。一个有主见的人，因为迫切需要行动，就不会在徘徊观望中浪费时间，也不会在挫折面前气馁。只要做出了行动的决定，就勇往直前。

某印刷公司推行扩大销售计划，每六个月雇用一名推销员，新雇用的推销员必须先学习商品知识和推销方法，然后跟着推销教练现场实习，最后才能得到该公司经理接见的机会。当经理对他讲一些带有鼓励性的话时，他就等于领到了推销的“毕业证书”。

有一年，该公司雇用了一个不成熟而且缺乏信心的年轻推销员，这位推销员在经过前两个阶段的学习后，对自己能否胜任工作一点儿也没有把握，他也很担心经理不发给他“毕业证书”。

可是，那位经理在对他讲了“你能干好的”之类的鼓励性话语后，又说道：

“我打算让你到街对面的‘绝对可靠的预计客户’的住处去推销，以前我也总是把新来的推销员派到那里。理由很简单，因为那个老头是个买主，但是，我要预先警告你的是，他是一个厚脸皮、令人讨厌、爱吵嘴而且满口粗话的人。你如果去见他，他只是叫嚷一阵而已，所以，无论他说什么，你都不要介意。作为我来说，希望你默不作声地听着，然后说‘是的，先生，我明白了。我带来了本市最好的印刷业务的商谈说明，我想这个说明对您来说，也一定是您想要得到的东西。’总而言之，他说什么都没关系，你只要坚持你的立场，然后反过来讲你要说的话。”

这位被打足了气的年轻推销员随即来到老人的住处，报了自己公司的名字。在前五分钟里，他没有机会讲上一句话。因为那老头不停地给他讲一些无关紧要的事情，一会儿教他某种菜的吃法，一会儿又教他一些莫名其妙的英语词汇。

好在这位推销员事先得到过警告，因此他耐心地等待着。最后他说：“是的，先生，我明白了。您看，这是本市最好的印刷业务的商谈说明，这样的商谈说明，当然是您想要得到的东西。”这样一进一退的进攻和防御大约持续了半个小时。半小时后，那个年轻的推销员终于得到了该印刷公司从未有过的最多的订单。

当他喜滋滋地把订单交给经理时，他说：“您说的关于那位老人的话没错。他是一个厚脸皮、令人讨厌、爱吵嘴、满口粗话的人，可是我要对那位可爱的老人说句稍微不同的话：他真是个买主。这是我在公司工作以来获得的最大的一批订单呀。”

经理看了一下订单，满脸惊讶地说：“喂，你搞错人了吧？那个老头，在我们遇到的对手中，是最吝啬、最讨厌、最好吵架，而且是最爱说粗话的！我们这 15 年来总想让他买点儿什么东西，可是那个老头连一元钱的东西也没有买。总之，他从来没从我们这儿买过一件东西。”

年轻人最容易染上的可怕习惯，就是遇事时，明明已经计划好、考虑过、甚至已经做出决定了，却仍然畏首畏尾、瞻前顾后、不敢采取行动。对自己越来越没有信心，不敢决断，最终使自己陷入失败的境地。

很多人喜欢制订计划，在周密、工整的计划中获得部分满足。但是，如果不能将计划变为行动，那么在若干年后看到这纸计划时只会感到深深的失落，尤其是当同时起步的朋友已经实现了梦想的时候。

成千上万的人都拥有雄心壮志，但很多人都没有如愿以偿，甚至长期在温饱线上挣扎，很大的一个原因在于，其中大多数人一直在拖延行动。并不是不想行动，只是想过一段时间再开始，结果一晃就是一生。

经常听人说：“我知道今天该做这件事，但是今天我情绪不好、状态不好、条件不好、这样那样不好，这件事肯定做不好，还是以后再说吧。”于是他开始拖延。他把该做的事放在一边，而只是去做那些比较容易、比较有趣的事。

成功者告诉我们，某些事也许比较乏味、比较难，但是，一件事值不值得做，不在于它能带来多少乐趣，而在于它对人格发展、自我完善的作用。

其实人们只需要强迫自己做一次，就能找到行动的感觉了。一件看起来很难的事情，有时候只需要几分钟就可以开个头，就能让人进入行动的状态、踏上成功之路的第一步，但是很多人拖延了一辈子也没付出这几分钟。对他来说，行动之所以那么难是因为行动就意味着要承担一系列的责任，他下意识地惧怕承担责任。

总之，要想成功，就不要害怕承担责任，要立下决心，你就一定可以承担任何正常职业生涯中的责任，你一定可以比别人完成得更出色。可以说，世界上最愚蠢的事情就是推卸眼前的责任，只会等待“时机成熟”。成功者的经验是，在需要承担重大责任的时候，应该马上承担它，因为此时此刻就是成熟的时机。如果不习惯这样做，即使将来的条件比现在更好，我们也不敢肯定时机是否成熟。这样，就什么事也做不了，更谈不上成功了。

行动可以改变一切

一个人的成就取决于他的行动，行动往往是成功的开始。好的机会往往稍纵即逝，犹如昙花一现。如果当时不善加利用，错过之后就后悔莫及。

我们每个人在自己的一生中，都有着种种憧憬、种种理想、种种计划，如果我们能够将这一切憧憬、理想与计划迅速地加以执行，那么我们在事业上的成就不知道会有多么伟大。然而，很多人在有了好的计划后，往往不去迅速执行，而是一味拖延，以致让原本充满热情的事情冷淡下去，理想逐渐消失，计划最终破灭。

决断好了的事情拖延着不去做，往往还会对我们的品格产生不良影响。唯有按照既定计划去执行的人，才能增进自己的品格，才能使自己受到他人的尊敬。其实，人人都能下决心做大事，但只有少数人能够一以贯之地去执行他的决心，而也只有这少数人才是最后的成功者。

斯通在担任全美国际销售执行委员会的七个执行委员之一时，曾作为该委员会的代表走访了亚洲和太平洋地区。一天，斯通给墨尔本市的一些商业工作人员做了一次励志性的谈话。事隔几天后的一个晚上，斯通接到一个电话，是一家出售金属柜的公司的经理李斯特打来的。

李斯特很激动地说："有一件令人吃惊的事！我想你会同我现在一样感到振奋的！"

"是吗？发生了什么事？"

"一件惊人的事！你在上星期二的谈话中推荐了十本励志书。我买了一本，在当天晚上就读了几个小时。第二天早晨我又继续读它，我还在一张纸上写道：'我的主要确定目标是把今年的销售额翻一番。'令人吃惊的是，我竟在 48 小时之内实现了这个目标。"

“你是怎样实现这个目标的？”斯通问李斯特，“你是怎样把你的收入翻一番的呢？”李斯特答道：“你在谈话中讲到你的推销员在同一个街区兜售保险单失败而又成功的故事。我记得你说过：‘有些人可能认为这是做不到的，但是他做到了。’我相信你的话。我也做了准备。我记住了你给我们的自我激励警句：‘立刻执行！’然后我就去看我的卡片记录，分析了十笔死账。我准备提前兑现这些账，这在先前可能是一件相当棘手的事。但我重复了‘立即执行’这句话好几次，并用积极的心态去处理这十个账户，结果做了笔大买卖。我感到发挥积极心态的力量所做出的事是很惊人的——真正的惊人。”

实际上，制定目标是很容易的，难的是付诸行动。制定目标可以坐下来用脑子去想，实现目标却需要扎实的行动，只有行动才能将目标化为现实。制定目标或许不算很难，可是要能贯彻到底就不是一件容易的事。相信很多人都有这样的经验，刚刚制定好目标时很有干劲，可是过了一段时间后就坚持不下去了。

都说万事开头难，要做成一件事，人们总是觉得迈第一步时困难重重，总是下不了决心。于是便犹豫不决，今天推到明天，明天又推到后天，这样推迟的结果便是延迟了时间，也就推迟了成功之日的到来。要医治拖延的恶习，唯一的方法就是立即去做自己的工作。因为多拖延一分，工作就难做一分。

“立即行动”，这是一个成大事者的格言，只有“立即行动”才能将人们从拖延的恶习中拯救出来。

勇于开始，才能找到成功的路

行动是成功的开始，等待是失败的源头。纵使有再伟大的理想，也需要从迈步开始。如果已经有了自己的目标和梦想，那么就从现在开始行动，从今天开始，一步一步地走向成功。

要取得成功，不是靠天分，更不是靠等待，而是靠自己的实际行动。无论有怎样美好的想法，都要付诸行动。只有勇于开始，才能找到成功的路。

茱莉亚是美国一家制衣公司的员工，她所在的公司一直生产的是一种样式很普通的罩袍。这些罩袍只有一种尺码，颜色也比较单调。而且，由于是成批生产，制作得极为粗糙，看上去千篇一律，并不适合人们在各种场合穿着。

于是，茱莉亚决定对罩袍进行改进，并且立即把这个想法付诸了行动。她买来了能体现个性色彩的布料，先给自己设计了一套。她不仅让罩袍保持了原来舒适的特点，还很好地适合了自己的身材尺寸。此外，她还为罩袍设计了别致的花边。这种特殊的设计，引起了房东太太的兴趣，她要求茱莉亚为自己也做一件。

当穿上茱莉亚为她量身定做的传统罩袍时，房东太太惊喜异常，她怎么也没想到，这种极为普通的传统服装，居然也可以做得如此适合自己的身材。

当茱莉亚把她想改进公司生产的传统罩袍的想法告诉同事们时，几乎人人都惊讶地连连摇头，他们觉得所有的店面陈列的罩袍都是传统的样式，没有人想到要去改进它。

然而，茱莉亚还是要试一试自己的想法。因为她相信，如果不去实践，就永远也不知道自己的想法是否可行。幸运的是，公司的老板很欣赏她的这种做法，支持她对传统罩袍进行改进。

就这样，在这家生产传统罩袍的公司里，开始生产出了一件件漂亮又适合人们身材的新式罩袍，公司的生意也随之红火起来。在茱莉亚的努力下，公司还把这种独特的服装推销到很多城市，同样引起了人们的广泛关注。

茱莉亚成功了，因为她不但有了想法，更主要的是她积极地去做了。她没有让自己的想法存在脑子里，而是开始了行动，这种行动要比任何一个精妙的想法好百倍。茱莉亚的经历告诉我们，只要开始去做，就有成功的可能。不去做，永远看不到成功的希望。

曾经，有两个朋友，相伴一起去遥远的地方寻找人生的幸福和快乐。他们一路上风餐露宿，在即将到达目的地的时候，遇到了一片风急浪高的大海，而海的彼岸就是幸福和快乐的天堂。关于如何渡过这片海，两个人产生了不同的意见，一个建议采伐附近的树木造成一条木船渡过海去，另一个则认为无论哪种办法都不可能渡得了这片海，与其自寻烦恼，不如等这片海干涸了，再轻轻松松地走过去。

于是，建议造船的人每天砍伐树木，辛苦而积极地制造船只，并顺带着学会游泳，而另一个则每天躺下休息睡觉，然后到海边观察海水干了没有。直到有一天，已经造好船的朋友准备扬帆出海的时候，另一个朋友还在讥笑他的愚蠢。

不过，造船的朋友并不生气，临走前只对他的朋友说了一句话：“去做每一件事不见得都能成功，但不去做则一定没有机会得到成功！”

能想到等到海水流干了再过海，这确实是一个“伟大”的创意，可惜的是，这却仅仅是个注定失败的“伟大”创意而已。

结果，这片大海终究没有干涸掉，而那位造船的朋友经过一番风浪却最终到达了彼岸。

拿破仑说过，想得好是聪明，计划得好更聪明，做得好是最聪明又最好。成功始于思考，需要明确的目标，这些都是成功不可缺少的要素，但是，这只相当于给车加满了油，弄清了前进的方向和路线。要抵达目的地，还需要把车开动起来，并保持足够的动力。

在成功者看来，成功并不需要你知道多少，而是看你有没有开始做，做了多少，要把所有的计划和想法付诸行动，否则，永远也体会不到什么是成功。

用心做好一件事

很多人觉得成功很神秘，其实，从平凡到优秀只有一个秘诀，那就是在工作上要用心一点，再用心一点。只要用心去做，每个人都能成为受成功青睐的人。

用心做好一件事，坦然地面对生活，这是一件很简单和很容易做到的事，但不可否认，生活中能做到的人却是少之又少。我们常常发现，一起到一个公司工作的人，起点相同，然而，一段时间后他们之间却产生了巨大的差距，有的人成为公司里的核心员工，受到老板的赏识，而有的人却总是碌碌无为，工作一直不见起色。

众所周知，除了少数天才，大多数人的禀赋都相差无几。那么，是什么造成了如此巨大的差距呢？答案很简单，就是用心，它可以让一个毫无背景、普普通通的人脱颖而出，创造出非凡的业绩，也可以让一个能力过人、才华横溢的人碌碌无为，成为一个被社会淘汰的对象。

丹佛机械制造公司的大卫和麦克是大学同学，10 年前他们大学毕业并一起来到丹佛机械制造公司的技术部工作。如今，大卫已经成了总公司的副总裁，而麦克还在技术部做一名普通的员工。

熟悉他们的人都知道，大卫是一个富有激情的人，他对待技术部的工作非常用心，能够认真去思考每一个技术难题，而且敢于创新。对其他部门的工作，只要自己能帮得上忙，他都会全力以赴。而麦克却只是忙着应付领导交代的事，从不考虑怎样才能把工作做得更好，如何去改进工作。

这就是用不用心工作的差距。那么，我们能像大卫一样成功吗？当然能，只要你用心去做。

服装设计大师皮尔·卡丹曾说过：“真正的装扮就在于你的内在美。越是不引人注目的地方越是要注意，这才是懂得装扮的人。因为只有美丽而贴身的内衣，才能将外表的华丽装扮更好地表现出来。”这句话用在工作上同样正确，越是平凡的工作越要好好地去做，这才是成功的关键。

美国前国务卿鲍威尔并非出身名门望族，这位黑人显贵原本家道寒微。鲍威尔年轻时胸怀大志，为贴补家用，他凭借自己强壮的身体，从事各种繁重的工作。

有年夏天，鲍威尔在一家汽水厂当杂工，除了洗瓶子外，老板还要他抹地板、搞清洁等等，他毫无怨言地认真去干。一次，有人在搬运产品的时候打碎了50瓶汽水，弄得车间一地的玻璃碎片和团团泡沫。按常规，这是要弄翻产品的工人清理打扫的。但老板为了节省人力，要干活麻利爽快的鲍威尔去打扫。当时他有点气恼，想要发脾气不干，但一想，自己是厂里的清洁杂工，这也是分内的活儿。于是，鲍威尔尽力地把满地狼藉打扫得干干净净。

过了两天，厂负责人通知他：他晋升为装瓶部主管。自此，他记住了一条真理：凡事全力以赴，总会有人注意到自己的。

鲍威尔一直全力以赴地工作。在五角大楼上班时，这位四星上将往往是最早到办公室又是最迟下班的。同僚们曾赞赏说：“我们的黑将军，无处不身先士卒啊。”

成功者和失败者的区别就在于：成功者无论做什么工作，都会积极主动、用心去做，并力求达到最佳的效果，不会有丝毫的放松。而失败者在做工作时，却常常轻率敷衍、得过且过。不同的态度会导致不同的结果，只要肯全力做事，尽自己的努力去完成应做的事，成功也就没有那么难了。

为自己的成功定个期限

有人说，判断一个人是否会成功，可以看看他走路的速度和力度。速度快、力度强的人是沉稳而又干练的人，这种人成功的可能性比较大，而拖延者的脚步始终是“慢三拍”。对于成功者而言，他们需要的是“快三拍”。

有了成功的想法就要立即行动，如果你不付诸实践，哪怕你有再好的天赋和再好的想法也无济于事。在成功的道路上，人们都在你追我赶，要是你不及时为自己的成功定个期限，那就很可能被落在后面。有的时候，就在看似不起眼的时间里，如果你疏忽了，就会遗憾终生。不仅是人类，就是在自然界，这种情况也是极其普遍的。在一期《动物世界》节目中，就讲述了这样的例子。

海獭生活在阿留申群岛周围的海域中，智力在某些方面超过了类人猿。比如在捕食海胆时，它们从水底捞起一块石头，再平躺在水面，将石头放在肚皮上，然后用两只前爪抓住海胆用力地往石块上砸，直到将海胆坚硬的壳砸破，便可以享用鲜美的海胆肉了。

其实，令科学家惊叹的还不仅是海獭会用石块当砧板来砸开海胆壳，而是它们对成功捕食时间的准确把握。海獭的潜水时间只有 4 分钟，也就是说，在这 4 分钟里，它必须潜到 50 米以下的海水里去捕猎，如果超过了四分钟，它就会溺死在水里。所以，时间对于海獭来说就是生命，每一次捕猎，都是以倒计时来计算的，而且必须用上整个生命。它们只能在规定的时间内捕获到食物，不然，要么会被淹死，要么就会被饿死。

海獭的食物大部分是生活在海底的贝类、鲍鱼、海胆、螃蟹等。由于海獭非常清楚自己捕猎的时间有限，所以每次潜入水中之后，它便目标明确地去寻找自己的猎物，一秒钟时间都不敢耽误。它的速度飞快，抓到猎物后，一定要在肺里的氧气用完之前返回水面。它们没有鲨鱼那样坚硬的牙齿，也没有金枪鱼那样锋利的长枪，它们没有任何强过海里其他动物的器官或武器，也并不适合在水里生活，可是，千百年来，它们就是靠着那4分钟的捕猎时间而在海里生存了下来。

其实人生的时间并不短，跟海獭相比，我们拥有的时间何止一千个一万个四分钟，不成功的原因也正是因为时间太过充裕，而让人们有了懈怠的心理。如果给成功定一个期限，便没有时间怨天尤人，也没有机会犹豫不决，而是会立即在有限的时间里明确自己的目标，然后全力以赴。相反，如果拖拖拉拉，总是下不了决心去踏实地行动，那最后剩下的也许只有悔恨的泪水了。

兰帕德这一辈子最大的愿望就是当一名作家，因为他有着不错的写作天赋。兰帕德相信，只要他肯努力，30岁之前他就可以成为一个全国知名的作家。

遗憾的是，兰帕德后来迷上了买彩票，一天到晚对着一大堆数字研究来研究去，最终把写作给耽误了。

庸庸碌碌地过完了几十年后，在兰帕德52岁的时候，有一天，他的一个中学同学来看望他，并把自己写的第13本书送给了他。在接过书的那一刻，兰帕德懊悔极了，他痛恨自己没有去写作。一时间，他决心重新提起笔，去实现自己昔日的梦想。可是转念一想，自己的年龄大了，身体又不好，还能写出什么来呢？于是，他又一次放弃了自己的作家梦。

65岁那年，兰帕德得了重病，生命垂危。他再一次想起了自己的作家梦，不禁深深后悔在52岁那年没有开始写作，否则，13年下来，他一定可以写出许多作品。眼看着到了65岁，生命留给他的时间还能有多少呢？在叹息中，他又一次藏起自己的梦想。

73岁那年，兰帕德的老同学再次给他送来一本自己刚写的书。想起自己的作家梦，兰帕德再度懊悔不已。可一个七十多岁的老人，已经快接近死亡了。自责中，兰帕德继续重复以往的生活。

84岁那年，兰帕德再次病重，他为自己不曾写下任何作品而深感痛苦。在牧师的鼓励下，兰帕德终于提起了笔，开始写作。在接下来的三个月里，他不停地写啊写，直到去世。去世时，他的第一本书，完成了一半。

兰帕德的一生可以说是遗憾的一生，有很好的天赋却没有好好利用，如果他能早些给自己的人生做个规划，为自己的成功定个期限，那也不会到年老之时再去后悔。

成功者必是立即行动者。对于他们来讲，时间就是生命，时间就是效率，时间就是金钱，拖延一分钟，就浪费一分钟。只有立即行动才能挤出比别人更多的时间，比别人提前抓住机遇。

成功者提醒我们说，在行动之前要给行动留下个合理的期限，没有期限的行动常常是无效的或是效率低下的。有一个时间约束，就能让你提醒自己：必须马上行动，否则在约定的期限内完不成行动计划。值得注意的是：一定要一次性将它落实，千万不要说“以后再执行”。以后就意味着这次行动的失败。下次还要面临同样的问题，不如现在就把它做完。

在这里，我们要说，如果你还走在人生的十字路口，那么不妨给自己的成功定一个期限。给自己不断攀登的压力和勇气，相信自己并踏实去做，就一定会成功的。

向优柔寡断说再见

成功的一大要诀是，即便你的决策有一千次的错误，也不要养成优柔寡断的习惯。当机立断的人，遇到事情就会迅速做出决策。而优柔寡断的人在进行决策时，总是逢人就要商量，即便考虑再三也难以决断，这样终会一无所成。

拿破仑·希尔认为，天下最悲哀的一句话就是，我当时真应该那么做却没有那么做。

我们经常听到有人说："如果我早几年就开始那笔生意，早就发财了"或"我早就料到了，我好后悔当时没有做"。一个好创意如果胎死腹中，真的会叫人叹息不已，永远不能忘怀，而如果立即施行，当然也会带来无限的满足。

看了下面的故事，你就知道，在人的一生中，果断地做出决定是多么重要。

在美国，有一位业务员前去拜访西部一个小镇上的一位房地产经纪人，想把一个"销售及商业管理"的课程介绍给这位房地产商人。这位业务员到达房地产经纪人的办公室时，发现他正在一架古老的打字机上打着一封信。这位业务员自我介绍了一番，然后介绍他所推销的这个课程。

那位房地产商人显然听得津津有味，然而，听完之后却迟迟不发表意见。这位业务员只好单刀直入了："您想参加这个课程，是吗？"

这位房地产商人以一种无精打采的声音回答说："呀，我自己也不知道是不是想参加。"

他说的倒是实话，因为像他这样犹豫不决难以迅速做出决定的人有数百万之多。这位对人性有着透彻认识的业务员于是站起来，准备离开，但接着他采用了一种多少有点刺激的战术，说了下面这样一段话，使房地产商人大吃一惊。

“我决定向你说一些你不喜欢听的话，但这些话可能对你很有帮助。

“先看看你工作的办公室，地板脏得可怕，墙壁上全是灰尘。你现在所使用的打字机看起来好像是大洪水时代挪亚先生在方舟上所用过的。你的衣服又脏又破，你脸上的胡子也没刮干净，你的眼睛告诉我你已经被打败了。

“在我的想象中，在你家里，你太太和你的孩子穿得也不好，也许吃得也不好。你的太太一直忠实地跟着你，但你的成就并不如她当初所希望的。在你们结婚时，她本以为你将来会有很大的成就。

“请记住，我现在并不是向一位准备进入我们学校的学生讲话，即使你用现金预缴学费，我也不会接受。因为，如果我接受了，你也不会拥有去完成它的魄力，而我们不希望我们的学生当中有人失败。

“现在，我告诉你你为什么会失败。那是因为你没有做出一项决定的能力。

“在你的一生中，你一直养成这样一种习惯：逃避责任，无法做出决定，结果到了今天，即使你想做什么，也无法办得到了。

“如果你告诉我，你想参加这个课程，或者你不想参加这个课程，那么，我会同情你，因为我知道，你是因为没钱才如此犹豫不决。但结果你说什么呢？你承认你并不知道你究竟参加还是不参加。你已经养成了逃避责任的习惯，无法对影响到你生活的所有事情做出明确的决定。”

这位房地产商人呆坐在椅子上，下巴往后缩，他的眼睛因为惊讶而睁大，但他并不想对这些尖刻的指控进行反驳。这时，这位业务员说了声再见，走了出去，随手把房门关上。但他又再度把门打开，走了回来，带着微笑在那位吃惊的房地产商人面前坐下来，说：“我的批评也许伤害了你，但我倒是希望能够触怒你。现在让我以男人对男人的态度告诉你，我认为你很有智慧，而且我确信你有能力，但你不幸养成了一种令你失败的习惯。然而我相信你可以再度站起来，我可以扶你一把，只要你愿意原谅我刚才所说过的那些话。

“你并不属于这个小镇。这个地方不适合从事房地产生意。你赶快替自己找套新衣服，即使向人借钱也要去买来，然后跟我到圣路易市去。我将介绍一个房地产商人和你认识，他可以给你一些赚大钱的机会，同时还可以教你有关这一行业的注意事项，你在以后投资时可以用到。

“你愿意跟我来吗？”

听了业务员的话，那位房地产商人竟然抱头哭泣起来。最后，他努力地站了起来，和这位业务员握握手，感谢他的好意，并说他愿意接受他的劝告，但要以自己的方式去进行。他要了一张空白报名表，签字报名参加了“推销与商业管理”课程，并且交了头一期的学费。

三年以后，这位房地产商人开了一家拥有60名业务员的大公司，成为圣路易市著名的房地产商人之一，他还指导其他业务员的工作，每一位准备到他公司上班的业务员，在被正式聘用之前，都要被叫到他的私人办公室去，他把自己的转变过程告诉这些新人，以鼓励他们踏实工作。

成功者一般都认为，如果你养成了做决策后坚决执行、不再更改的习惯，那么在做决策时，就会运用你自己最佳的判断力。但如果你的决策不过是个实验，你还不认为它就是最后的决断，这样就容易使你自己有重复考虑的余地，就不会产生一个成功的决策。

如果决策后绝不更改，你就会深刻地认识到，未经深思熟虑的决策，必定不会成功，执行了这样的决策也只是徒受损失。这位房地产商人的经历无疑告诉我们：一定要让优柔寡断、犹豫不决从自己的生活中走开，从现在就开始做。

第七章

机遇篇

不要等待机会，而要创造机会

成功是人人都渴望的，成功也离不开机会，成功的人一般都具备这样的特点，那就是善于创造机会，利用机会。

有的人因为抓住机遇而“柳暗花明又一村”，摘取了成功的桂冠；也有的人因为与机遇擦肩而过，还在“山重水复疑无路”，甚至为错过机会而抱憾终生。

一般来说，对待机会，有两种态度，一是等待，二是创造。等待又分为积极等待和消极等待两种，但不管是哪种等待，都需要我们去主动创造有利的条件，让机会较快地降临到自己的身上。

有一种鸟，它能飞越太平洋，靠的仅仅是一小截树枝。飞行时，它把树枝衔在嘴里；累了，它把树枝放在水里，然后站在上面休息一会儿；饿了，就站在上面捕食；困了，就站在上面睡觉。谁也想不到，小鸟飞越太平洋依靠的仅仅是一小截树枝。

试想一下，如果它带上鸟巢和足够的食物，它还能飞得动、飞得远吗？同样，成功也不能一味苛求条件，否则，再好的条件也只能成为你捆绑在翅膀上的黄金，它不仅不能助你成功，反而会拖累你前进的步伐。弱者等待机会，强者创造机会。真正的成功者就应善于在没有条件中创造条件，就像那只飞越太平洋的小鸟，仅仅依靠一小截树枝就能立足、生存、飞翔。

很多人往往抱怨自己没有机会，但是他们不知道，如果不去积极主动地创造机会，机会是不会主动向你微笑的。有些失败了的人在谈到别人的成功时往往愤愤不平，认为那是他们运气好，而自己的运气太坏，根本不会成功。于是，他们消极懈怠，怨天尤人，甚至自暴自弃。他们没有认识到，机会不肯光临他们大都是因为他们的自身因素所造成的。每个人在一生中都有很多成功的机会，之所以没有成功，是因为人们不愿意付出代价创造机会、把握机会。

但是，机会是不可捉摸的，它有时潜伏在你努力的工作中，有时徘徊在无人注意的环境里，如果你不用积极主动的精神去寻找它，利用它，那你可能永远都看不到它。

在美国，有一位叫西尔维娅的女孩子，她从小就梦想着成为一名电视节目主持人，因为她觉得自己有这方面的才能，而且她的家庭也能为她创造这样的条件。她经常对自己和朋友说，只要有人愿意给我一个上电视的机会，我就肯定能成功。然而，她一直在想，一直在憧憬着上电视的机会，结果什么奇迹也没有出现。因为没有谁会请一个毫无经验的人去主持电视节目，也不会主动地去外面搜寻人才。就这样，日复一日，西尔维娅在憧憬和等待中度过。

与此同时，另一位叫蒂亚的女孩却实现了做节目主持人的梦想，因为她没有白白地等待机会的出现。她在大学毕业之后，就跑遍了洛杉矶的每个广播电台和电视台，但遗憾的是，事情并没有她想象的那么顺利，这里的广播电视机构都回复她说："我们不雇用没有工作经验的人。"

但是蒂亚并没有因此而退缩，而是继续走出去寻找机会。后来，她在一份电视杂志上看到一则广告，说密歇根州有一家很小的电视台要招聘一名预报天气的女孩子。

于是，蒂亚立即动身来到了密歇根州，经过努力，终于得到了这份工作。她在这里工作了五年，后来调到了洛杉矶电视台。又过了三年，她凭着自己的勤奋成了一名出色的电视节目主持人。

从这两位女孩子的身上，我们可以比较出西尔维娅这种典型的失败者的思维和蒂亚这种成功者的想法不同之所在。问题的关键就在于，西尔维娅在近十年的时间里，一直停留在幻想上，坐等机会，期待时来运转。然而，时间不会因你的等待就为你停留，机会也不会无故为你大开绿灯。在漫漫的等待中，失去的只会越来越多。而蒂亚在同样的理想面前，采取了积极的行动，她为理想而不断奔波、实践，哪怕是一份微不足道的相关工作，她也做得有声有色，最终为自己赢得了想要的一切。

抓住机会，将会为自己的成功添砖加瓦。因为，命运是掌握在自己手中的，任何把希望寄托于外界的人，都不可能主动把握住机会，因此也就无法得到成功的青睐，只有积极地采取行动，千方百计地为自己创造机会、利用机会，才能最终获得成功。

机遇只垂青于有准备的头脑

很多人抱怨机遇没有向自己招手，却并没意识到是自己的抱怨而使机遇丢掉。成功离不开机遇，而机遇也不是多么难寻，只要你用心去捕捉，你会发现，它离你其实并不远。

机遇与成功有着紧密的联系，有人说成功的三大要素是天分、勤奋和机遇。要想获得成功，绝对不能忽视机遇的作用。在现实生活中，有的人虽然才华过人，也勤奋能干，但总是与成功无缘，这其中很大的因素就在于没有很好的机遇。而很多人的成功，正是源于机遇的力量。

机遇是客观存在的，它并不像我们想象的那样神秘，它存在于我们的身边，对每个人来说都是平等的，但是要想利用好，就需要有高度的洞察力去发现机遇、认识机遇、抓住机遇和创造机遇。因为，机遇只垂青于有准备的头脑。

在 20 世纪 70 年代，年仅 15 岁的格林·伍德收到了一份梦寐以求的圣诞礼物——一双溜冰鞋。拿到这件礼物后，格林马上跑出屋子，来到离家很近的冰河上去溜冰。也许是他第一次出来溜冰的原因，他感觉天气太冷了，溜冰的时候，耳朵被风吹得像刀割似的疼。他戴上了皮帽子，把头和两腮捂得严严实实，结果时间长了，却又闷又热，汗流浃背。

这时格林想，应该做一件能专门捂住耳朵的东西。于是他琢磨出了一个大概的样子，回家后让妈妈按照他的意思做了一双棉耳套。

过了一天，格林戴着妈妈做的耳套去溜冰，果然觉得很暖和。后来一些朋友看到了，都向他借来用。回到家，格林和妈妈商量，让阿姨过来帮他们一起做耳套。经过几次修改，耳套变得更实用也更美观了。随后，格林向美国专利局申请了专利。他本人也因为这项专利，成了千万富翁。

许多人抱怨自己机遇差，没有赶上合适的时机，其实，机会无处不在，就看你怎么去对待。机遇对每个人来说都是平等的，但不是每个人都能适时地抓住机遇。人们常说，机遇是留给有准备的人的，而抓住机遇的人，就像是乘上了一匹快马。也就是说，把机遇比作一匹飞奔而来的马，谁跨上了这匹“机遇之马”，谁就能跑得快，早日获得成功。

作为心怀成功之梦的人，千万不要以为机遇会像一个到你家里来的客人，他在你门前敲着门，等待你开门把他迎进来。恰恰相反，机遇是一件不可捉摸的活宝，它无影无形，无声无息，如果你不去努力地寻求它，也许永远都找不见它。所以我们要记住，机遇虽会突然降临，但并不是毫无理由的，它总是降临在有准备的人身上。当机遇到来时，是需要好好把握的。如果你没有用心去体悟、接受，或许在你不经意间，机遇就已悄然逝去。

有的人一味地把自己的不如意归结为“运气不好”，这只是给自己的懒惰找个借口。大多数失败者一谈起失败的原因总会说，他们之所以失败，是因为没有机遇，没有人帮助、提携他们。或者会说，优秀的人太多了，我想得到的东西已被别人占据，一切好的机遇都已被别人捷足先登，所以自己落到如此不幸的田地。

而能够成功的人却不会有这样一套说辞。他们默默工作，从不怨天尤人。他们稳扎稳打，他们尽管也需要别人帮助，但不单纯地指望别人的帮助。他们懂得再好的外部条件，都得靠自己去发挥利用。

总之，愚者错失机会，智者善抓机会，成功者创造机会。机会只留给做好准备的人，但这“准备”二字，并非说说而已。人生要能掌握机遇，当机遇来临时，必须多去尝试，如果没有心理准备，即使再好的机遇也会溜掉。而机遇一旦失去，便难以找回。所以，一定要把握好机遇，为成功做好准备。

没有勤奋的劲头，也就与机遇无缘

有人说，机遇就像是一粒种子，在黑暗的泥土中汲取营养和能量，慢慢地积蓄力量，一旦听到春风的呼唤，就会破土而出，茁壮成长，而这个“春风”就是勤奋。

有些人对自己所处的境况不满意，他们没有从自己的身上寻找原因，而是主观地将自己的境况归咎于机遇不佳所致。他们整天牢骚满腹，哀叹自己境遇不好，没有遇到能够发挥自己才能的空间。他们并不懂得，勤奋才是实现机遇的动力，因为它体现出了一个人对待自己所从事的工作的态度。

虽说每个人都有自己的工作平台，但并不代表每个人都能从中获得成功的机遇。本职工作其实只是一个外因，它只是为机遇提供了可能的场所，至于能不能抓住机遇，那就要看自己是不是勤奋，是否愿意为此付出努力。正如富兰克林所说：“勤勉是好运之母，上帝把一切事物都赐予勤勉。”

在19世纪末，密歇根的一家电灯公司以月薪11美元雇用了年轻的技工福特。他每天工作十个小时，还常常花费半个晚上的时间在房子后面的一间旧棚子里，想要设计出一种新的引擎。

他的父亲是个农夫，不理解自己儿子的行为。在他看来，儿子这样做就是在浪费时间，一点用处都没有，而邻居们也都在背后说这孩子真是不正常。人们都在取笑他，不相信他能做出什么真正有用的东西。

当时，除了他的妻子，没有人支持他，相信他。当做完了白天的工作后，他的妻子就在小棚子里帮着他研究。夏天还好过，到了冬天的时候，天色很早就暗了，妻子提着煤油灯，在寒风中瑟瑟发抖。但他们一直坚信，引擎设计早晚会成功。

在三年后的一天，邻居们被一连串奇怪的声音吓了一跳，他们跑到窗口，看到他们一直在取笑的福特正在一辆没有马的“马车”上摇晃着前进。邻居们看得呆住了，他们也没有想到，一个崭新的工业就在他们看不起的人身上诞生了。

也许有人认为机遇是成功的关键，但事实上却并非如此，不论做什么事，即使是有了机遇，也需要去努力，用不屈服的精神去苦干，因为只有积极勤奋地努力，才能挖掘出潜在的能量。很多成功人士的成长都离不开勤奋，比如我们所熟知的卡内基。

在卡内基年轻的时候，他在匹兹堡做过一个负责递送电报的工作。每天的工资少得可怜。由于当时他刚刚来到城里，人生地疏，生怕丢了饭碗。于是，他就把匹兹堡商业区的每家公司、商店的字号和地点都牢记在心，以免在送报时出现差错。

随着这份工作越来越得心应手，卡内基开始希望自己成为一名接线员，因此他晚上自学电报知识，每天早上提前跑到公司，在机器上练习。一天早上，公司突然收到了一份电报，这是一份从费城发来的紧急电报，但是当时由于时间太早，接线员都没有上班，于是卡内基立即跑去代为收了下来，并赶紧送到收报人的手中。从这以后，卡内基就被提升为接线员，薪水也增加了一倍。

在做了接线员以后，由于他工作勤奋，态度积极认真，因此很快引起了公司领导的注意。后来，宾夕法尼亚铁路公司建立了一条专用的电报线，卡内基被指派为接线员，随后被升为监理的私人秘书。

就这样，卡内基以自己的勤奋和上进为自己的未来铺了一条道路，之后他在这条路上踏实地走着，并最终获得了超凡的成功。

很多人抱怨运气不好，没有好的机遇。其实机遇之神或多或少都敲过我们的门，只是因为我们实力不足而无法把握，才让机遇擦肩而过。这就说明机遇只是成功的偶然因素，成功的必然因素还是自身的才能和实力。

“机遇只是为有准备的人准备的”，是说只有本身具备了应有的才能和实力，并抓住了每次良机，才能获得成功。可见，机遇是成功的种子，但它只有在一定的条件下才会发芽，如果你本身没有达到获得这份机遇的条件，那么机遇再好对你来说也没用，只是擦肩而过罢了，关键还在于你自身的努力。

因此，成功者总是这样看待机遇，那就是我们在成功的道路上必须努力提高自身的素养，使自己拥有获得成功的才能和实力。做好了这些，再把握好机遇，就能最终成功。

抓住机遇需要冒险精神

在很多情况下，机遇与风险是共存的。但风险越大，机遇所给予的成功指数也就越大。很多成功者都是敢于冒险、善于冒险的人，他们用超凡的胆识果断地采取行动，在通往成功的路上留下了坚实的足迹。

敢于冒险，是成功人士的基本素质，也是职场中人应该具有的基本素质，只有敢于冒险，你才有成功的可能。假如你不敢冒险，你就不会有成功的机会，如果你敢于冒险，你就有了50%的机会。

在现代社会，风险越大，利润就越大，所以人们才不断地去冒险。冒险就是抓住机遇，不敢冒险，就会错过很多机遇。所以成功者一般都会这样说，想要成功，就要对自己的追求有坚定的信念，就要有冒险精神。

卡拉德毕业于美国艾奥瓦州立大学的市场营销专业，目前是一家位于世界500强之列的石油公司旗下某分公司的研究与工程部经理。他说，他的职业经历就像一个充满了冒险的旅程。

这个巨型企业每年都要招聘很多知名大学的硕士和博士，招聘程序非常严格，每一轮筛选都是由猎头公司或人才咨询公司等专业机构组织的基本能力测试，只有通过者才能有幸见到HR或部门经理。

“很多朋友都认为，我这个学士想进去的机会几乎是零。而且，他们的招聘时间要比另外的几个企业晚一个多月，我的一个朋友很认真地劝告我：将‘牌’压在这里太冒险，千万别浪费时间，错失良机！”卡拉德说：“不过，我自己很有信心。”

尽管他认为自己的基本能力测试做得很好，但是，竞争太激烈了，面试名单中没有他，他难过极了。为了参加面试，他曾深入研究过那家企业，对申请的职位有着十二分的激情。

他呆呆地坐在宿舍里，考虑着自己申请的职位、专业知识、能力和兴趣所在。他要应聘的不过是一名市场人员，他渴望到那家公司工作，他相信自己会在那里发挥所学、稳步发展。时间一分一秒地滑过，他猛然意识到，与其无谓地浪费时间，不如再争取一次。于是，他给公司的人力资源发了一封长长的邮件，用恳切的言辞再次表达了想到这家企业工作的迫切心情。他说："为了到这里工作，我已经做了好几年的精心准备，我太爱这份工作了，可你们为什么连个面试的机会都不给我呢？"

没想到，第二天就有了回复，公司允许他参加面试，他也因此成为同批应聘者里唯一的学士。

经过层层选拔，卡拉德的"冒险行动"成功了。他如愿以偿地成了该公司市场部的一员，负责当地市场润滑油的销售工作。凭着勤奋和对工作的执著，不到一年时间，他就成为润滑油部的销售冠军。

后来，由于出色的表现，他开始负责全美市场的润滑油零售业务。此时，他要管理的对象是学历和资历都比他高的人，这对他来说，无疑又是一次冒险。

新官上任，卡拉德同每位员工认真地沟通，结合自己的实践经验，分析了在润滑油销售中存在的问题和可能抓住的机会。之后，他根据每位员工的自身特点，安排各自负责的市场区域。当年，公司一举打破了润滑油在美国市场的份额连年下滑的局面，开始出现了小幅攀升。那些学历比他高、资历比他深的下属们提起他，都连竖大拇指。

又过了一年，公司的首席执行官布兰德先生要求卡拉德去管理研究工程部，这个部门以前都是"老学究"们管理的，布兰德想使它更具有商业性。他认为，卡拉德有精明的商业头脑，极富事业激情，是最合适的人选。但是，卡拉德却觉得领导的决定非常糟糕。

"或许我经商还行，因为我懂市场，懂消费者的心理，但我不是科学家，我也不具备领导一群数学家和地质学家的能力。我心里矛盾极了，我不知道该不该拿原本一帆风顺的职业生涯去冒险。"后来，他还是决定试一试。"我在一张纸上写满了公司对我的期望，我的优缺点，要达成的公司期望对我个人和公司可能产生的风险等等。我想，公司之所以想用我，主要是看到了我的优点，至于缺点，我可以在工作中通过学习来克服。"结果，他成功了，也为自己的职业生涯写下了具有开拓性的一笔。

可以这样说，不冒点风险，也就没有出人头地的机会。很多时候，成功的机会是同风险叠合在一起的。要想抓住成功的机会，就得冒一点风险，否则，就会丧失许多可能是人生重大转折的机会，从而使自己的一生平淡无奇，毫无建树。

生命运动从本质上说就是一次探险，如果不是主动地迎接风险的挑战，便是被动地等待风险的降临，而冒险总比墨守成规让你更有机会出头。世界的改变、生意的成功，常常属于那些敢于抓住时机，敢于冒险的人。

美国一家大公司的总裁说得好："冒险精神具备与否，实际上是一个员工的思考能力和人格魅力的表现。"作为一个员工，只有把冒险精神投入到工作中去，你的老板才会感觉到你的努力。

冒险是表现在人身上的一种勇气和魅力。经验告诉我们：冒险与收获常常是结伴而行的。

在任何事业中，如果把所有的风险都消除掉的话，自然也把所有潜在的机会都丢掉了。风险中孕育着机会，敢于正视风险、敢于冒险，那无疑就更容易抓住成功的机会。

在现代公司里，一个人的才华和能力，只有通过冒险，通过克服一道道难关才能锻炼和展现出来。而安于现状、不思进取、没有危机感以及不愿参与竞争和拼搏的人，他得到的将不是成功，而是彻头彻尾的失败。

敢于冒险，是挑战成功的第一步，敢冒最大风险的人，才能抓住成功的机遇，才能在众多的员工中脱颖而出，才能为自己的事业成功打下牢固的基础，才能进一步实现自己人生最大的价值。

伯克最近晋升为约翰森公司的新产品部主任，他上任后的第一件事，就是开发研制一种新的产品。然而，这种新产品的试制却失败了，伯克心想这下可要被老板炒鱿鱼了。

不久，伯克被召去见公司的总裁，然而，他却受到了意想不到的接待。"你就是那位让我们公司赔了大钱的人吗？"约翰森总裁问道，"好，我倒要向你表示祝贺。你能犯错误，说明你勇于冒险。我们公司就需要你这种有冒险精神的人，这样公司才有发展的机会。"

数年之后，伯克成了约翰森公司的总经理，他仍然牢记着前总裁的这句话。

一个成功的人，一定要首先摒除规避风险的习惯，重新拾回失去的冒险本能，进而培养一种健康的冒险精神。的确，积习已久的避险习惯想在短时间内改变过来，并不容易。但是，既然冒险是成功致富不可或缺的要素，是走向成功的重要因素，就应该克服恐惧，强迫自己冒险，培养健康的冒险精神，勇于投资在高期望报酬的投资标的上，并承担其所伴随的高风险。

不可否认，世界上任何领域的一流好手，都是靠着勇敢面对他们所畏惧的事物才出人头地的。而一些利用投资致富，实现梦想的人，也都是以冒险的精神作为后盾。处处小心谨慎，则难以有成。缺乏冒险精神，梦想将永远都只是梦想。

给自己的运气作个策划

成功的因素有很多，有的人把成功归结于运气，也希望自己有同样的运气，结果，从不努力付出，一生都在期待中度过，最终让成功离自己远去。

很多人在面对别人的成功时，往往会这样认为：他不过是运气好点。在他们看来，对方的成功是理所当然的，没什么可借鉴的，但事实上，凭借运气而成功的例子并不是太多。在他人眼里，看到的只是成功者的欢欣雀跃，却不知在成功的背后他们付出了多少代价。

有的时候，如果你不去主动地做些什么，就算有再好的运气，也是毫无用处的。而有的人，哪怕在不那么完美的环境下也会用心去做，结果就会得到成功的青睐。

美国实业界巨子华诺密克每年都会参加在芝加哥举行的美国商品展览会。一次，他的运气仿佛不佳，根据抽签的结果，他的展位被分配到了一个极为偏僻的角落。所有的员工都为这个结果倒吸一口冷气，因为这个地方是很少有人光顾的，更别说看他们的样品了。鉴于他的运气"糟透了"，替他设计展位的装饰工程师萨蒙逊劝他放弃这个展览，别花那些冤枉钱了，等明年再来参展。

但华诺密克却不以为然，他对萨蒙逊说："问你一个问题，你认为是机会来找你，还是由你自己去创造呢？"萨蒙逊回答说："当然是由自己去创造了，任何机会都不会从天而降！"华诺密克愉快地说："现在，摆在我们面前的难题，将是促使我们创造机会的动力。萨蒙逊先生，多谢你这样关心我，但我希望你将关心我的热情用到设计工作上去，为我设计出一个美观而富有东方色彩的展位。"

萨蒙逊开始冥思苦想，最终设计出了一个古阿拉伯宫殿式的展位，展位前面的大路变成了一个人工做成的大沙漠，当人们从这儿经过时，仿佛置身于阿拉伯世界一样。

华诺密克满意极了，他吩咐后勤主管让新雇来的男女职员一律穿上阿拉伯国家的服饰，特别要求女职员都要用黑纱把眼睛以下的面孔遮盖住，只露出两只眼睛，并且派人从阿拉伯买来六只骆驼来做运输货物之用。同时，他还派人做了一大批气球，准备在展览会上使用。当然，所有这一切都是秘密操作的，任何人不得泄露出去，否则一律开除。

华诺密克的阿拉伯式展位一经做成，就引起了人们的种种猜想，不少人在互相询问“那个家伙想干什么”。一些记者还把这种异想天开的独特造型拍照并进行了报道，这更引起了人们的兴趣。

开展后，展览会上空飞起了无数色彩斑斓的气球。这些气球都是精心设计过的，升空不久后，便自动爆炸，变成一片片胶片纷纷撒落下来。有人好奇地捡起一看，只见上面写着：“当你捡到这枚小小的胶片时，亲爱的女士或先生，你的好运气开始了，我们衷心祝贺你！请你拿上这枚胶片到华诺密克的阿拉伯式展位前，换取一枚阿拉伯的纪念品。谢谢你。”

这下，华诺密克的展位前人头攒动，人们纷纷跑过去领取纪念品，反而冷落了处于黄金地段的展位。

第二天，芝加哥城里又升起了不少华诺密克的气球，引起了更多市民的关注。45天后，展览会结束了，华诺密克公司共做成了2000多宗买卖，其中有500多宗的买卖都超过了100万美元，大大出乎华诺密克最初的预料。而且，据组委会统计，他的展位成了全展览会中游客光顾最多的展位。他的这一“鲜”招，狠狠地挤兑了一回那些因处于黄金地段而多掏管理费的展位。

在有些人的眼中，华诺密克抽到了“下下签”，是个“倒霉鬼”，可能因此陷入绝境。可华诺密克偏偏从这个绝境中“死里逃生”，按照他的观点，既然好运气没有垂青他，那就自己谋利吧。

德里森是大洋洲的一位渔民，很多人都羡慕他的运气。因为他即使是在最不佳的时节出海，也常常能满载而归。一些年轻的渔民又羡慕又忌妒，他们不约而同地向德里森请教捕鱼的方法，但德里森总是说：“让船多滑几里就好了。”可是，小伙子们常常是累得半死，收获却依然少得可怜。于是他们都私下议论：“这老头儿的运气就是比咱们好啊。”

后来，德里森的儿子长大了，也要学着出海。他问德里森："爸爸，你的运气为什么总是那么好？"德里森笑着说："孩子，其实哪有什么运气啊，你得学会看风辨云观水色，即使是几朵浪花，也能看出很多问题。有的技巧我也说不清，但是你得自己去琢磨、体会。要是自己不用心，哪怕每天绕一圈太平洋，也难有收获啊。"

事实就是这样，成功其实没有我们想象中的那么难，只要自己勤劳一些、用心一些，就能得到它的青睐。有的时候，生活中常常面临着让人不满意的境遇，但这种境遇往往意味着希望的开始，只要你善于谋划自己的运气，就能掌握自己的命运，把握成功的到来。

对机遇保持敏锐的感觉

机遇是个很奇妙的东西，有时不仅需要你及时把握，更需要在毫无征兆的时候对它保持一种敏锐的感觉。

我们常常慨叹自己没有机遇，却不知机遇就在我们身边，它总喜欢带着不同的面具伴在我们左右，只有拥有“火眼金睛”的人才能发现它们的存在。

威尔逊是世界旅馆大王，在创业初期，他的全部家当只有一台分期付款得来的爆玉米花的机器。在二战刚刚结束时，他做生意赚了点钱，便决定从事地产生意。当时，做这一行的人并不多，因为在战后初期，人们的生活还比较窘迫，买地修房子盖厂房的人很少，因此土地的价格一直很低。在人们眼里，做地产生意是没有什么赚头的。听说威尔逊要从事这个生意，所有的亲戚都表示反对。

但威尔逊却坚持己见，在他看来，持反对意见的人都是目光短浅的。他认为，虽然连年的战争使美国的经济很不景气，但美国是战胜国，它的经济会很快起飞的。到那时，买地的人一定会很多，地价一定会大幅上涨，赚钱肯定不是问题。

于是，威尔逊用手头的全部资金和一部分贷款买下了位于市郊的一块很大的土地。这块地由于地势低洼，既不适宜耕种，也不适宜盖房子，所以很长时间以来都无人问津，但威尔逊却亲自到那里看了两次，以低价买下了这块杂草丛生、一片荒凉的土地。

家里人全面反对，但威尔逊坚信这块土地一定会升值。果然，三年之后，随着城市人口的剧增，市区发展的迅速，马路一直修到了威尔逊所购土地的边上。这时，人们也开始发现，这块地的周围风景宜人，既有蜿蜒宽阔的密西西比河，还有成片的杨柳，实在是一个消夏避暑的绝好去处。因此，这块地的价格马上就成倍增长，很多商人都争相购买，但威尔逊却并不急于出手，令人们百思不得其解。

后来，威尔逊在这块地皮上盖起了一座汽车旅馆，命名为“假日旅馆”。由于地理位置好，环境优美。旅馆开业后，旅客川流不息，生意极其火暴。这时，人们不得不佩服威尔逊的远见卓识和把握机遇的能力。后来，威尔逊的假日旅馆便如雨后春笋般地出现在美国及世界其他地方。

威尔逊在总结自己的成功经验时，这样说道：“我之所以能成功，就是因为我对现实有着敏锐的判断。我在选择一个投资项目时，如果别人都说可行，这就不是机会——别人都能看见的机会不是机会。我每次选择的都是别人说不行的项目，只有别人还没有发现而你却发现的机会才是黄金机会。尽管这样做有些冒险，但不冒险就没有成功，只要有50%的希望，就值得我去尝试。”

人生中有许多机遇，只要肯动脑思考，肯动手付诸行动，就有可能把握住机遇。机遇常孕育于事物的变化中，只有善于捕捉到变化中的变化，善于识别变化的人，才能从隐蔽的变化中敏锐地感觉到新生的事物，发现新的机遇。

丹麦科学家雅各布·博尔就是善于发现机遇的人。

一天他正在书房找书，不小心打碎了书架上的一个花瓶，他回头凝视着地下的碎片，心想这些碎片之间说不定会有什么规律。于是便小心翼翼地捡起满地的碎片，然后把它们放到桌子上，按大小分成三类，分别称出重量。

接着，雅各布·博尔便激动了，因为他发现，这些碎片中10克–100克的最少，1克–10克的稍多，0.1克–1克和0.1克以下的最多。同时，这些碎片的重量之间表现为统一的倍数关系，即较大块的重量是次大块重量的16倍，小块的重量是小碎片重量的16倍……于是他将这个发现进行了理论研究，命名为“碎花瓶理论”。后来他将他的这个理论应用于实践，取得了神奇的效果，给考古学和天体研究带来了意想不到的帮助。

人的一生最关键的是，在人生的转折点时能否走好那关键的一两步，能否把握住那稍纵即逝的机遇。机遇，永远都属于那些随时睁着智慧的眼睛、善于捕捉事物内在本质的人。

纽约的近郊，冬天到处都会结冰。冬天一到，杰克一有空就到那里自由自在地溜冰。可是冬天过了之后，杰克就没有办法到室内溜冰场去玩个痛快。因为到室内溜冰场是需要钱的，而一个纽约公务员的收入有限，不能常常去，但老是待在家里也不是办法，深爱溜冰的杰克深感烦闷。

有一天，他觉得万分无聊，正愁没有钱去室内溜冰场溜冰时，一个灵感涌上来，“要是在鞋子底下安装轮子，就可以代替冰鞋了。那么，普通的道路也可以当做溜冰场了。”杰克想到就做，在几个月之后，他跟人合作开了一家制造溜冰鞋的小工厂。

他做梦也没有想到，产品一问市，立即就成为世界性的商品。

无独有偶，德国汽油机、汽车发明人戈特利布·戴姆勒也是一个善于从不经意中发现机遇的人。

有一次，为了让一个经销商买他的车，他承诺可以满足客户的任何要求。经销商有一个 11 岁的女儿，名叫梅赛德斯，经销商的愿望就是把女儿的名字刻在引擎盖子上。

“梅赛德斯”即“幸福”之意，戴姆勒马上意识到这是一个吉祥的名字，每一个车主都会喜欢。尽管早在 1909 年他已经申请登记了三叉星作为轿车的标志，但他还是答应了那位经销商。他在标志四周加上了一个圆圈，在圆圈上镶嵌了四颗星，在下面加上“梅赛德斯”（Mercedes）的字样。

此举赢得了经销商的信赖，从此打开了“梅赛德斯 – 奔驰”轿车的销路。

人生的转机，也许就像故事中的人物一样，只在于一个小小的发现，或是偶然而至的灵感、微不足道的小主意。但是只要用心去观察，去揣摩，去实验，成功也许就会不期而至了。

敢于尝试，机遇在向你招手

没有尝试，就永远没有机遇可言。机遇不仅垂青于有准备者，更属于勇者。面对挫折和挑战，有的人只会消极等待，而不是主动去尝试，这必会让他们成为懒惰者，更与成功无缘。

人生在于设计，在于主动地谋划。机遇是人生飞跃必不可少的条件，然而机遇是与这种懒惰且凡事等待的人无缘的，它只垂青于那些富有进取意识和创造力的人。面对自己不熟悉的领域，如果连尝试的勇气都没有，那就更谈不上成功了。

19 世纪末的一天，伦敦的一个游戏场内正在进行着一场演出，突然，台上的演员刚唱两句就唱不出来了，台下乱得一塌糊涂。

许多观众一哄而起，嚷嚷着要退票。剧场老板一看势头不好，只好找人救场，谁知找了一圈也找不到合适的人。这时，一个五岁的小男孩儿站了出来。

“老板，让我试试，行吗？”

老板看着小家伙自信的眼神，便同意让他试一试。结果，他在台上又唱又跳，把观众逗得特别高兴，歌唱了一半，好多观众便向台上扔硬币。小家伙一边滑稽地捡起钱，一边唱得更起劲儿了。在观众的欢呼声中，他一下子唱了好几首歌。

又过了几年，法国著名的丑角明星马塞林来到一个儿童剧团和大家同台演出，当时，马塞林的节目中需要一个演员演一只猫，由于马塞林的名气太大，许多优秀的演员都不敢接受这个角色，这时那个小男孩又自告奋勇地站了出来。大家都为他捏了一把汗，谁知他和马塞林配合得非常默契。

可能你已经想到，这个小男孩就是后来名扬世界的幽默艺术大师——卓别林。

在现实生活中，我们都渴望一展才华的机会，渴望早日找到人生的梦想舞台，然而，当机会来临的时候，我们常常会顾及这样或那样的问题，犹豫不决，踌躇不前，以至于错失了一个又一个实现梦想的机会，最终只得到一连串的遗憾。

有时候，可能我们什么都不缺，唯独缺少大声说一句“让我试试”的勇气。

瑞士一家造纸公司推出了一种新型手纸，看上去与普通手纸并无两样，它的广告语是：“可以擦眼镜的手纸。”

这句看似平淡无奇的广告语，却包含着商家对消费者细致入微的关怀。

这家公司在生产这款手纸之前，特地让员工暗中观察各自身边人使用手纸的情况，主要是了解人们在使用手纸过程中的非常规用途。

一个月之后，公司将所有的观察记录进行了汇总，发现许多戴眼镜的人在日常生活中都有一个习惯，就是将手纸作为眼镜布使用。当然，这类人在全国总人口中的比例是很小的，因为在瑞士，戴眼镜的人不到总人口的三分之一，而调查结果显示，有用手纸作为眼镜布使用这一习惯的人在戴眼镜的人群中约占15%。按照这个比例算下来，绝对人口数量显然是非常庞大的。

我们知道，市面上的普通手纸比起眼镜布要粗糙一些，不宜用来擦眼镜。于是，这家造纸公司决定针对这部分人，专门生产出可以擦眼镜的手纸。结果这种产品一经上市，立即赢得了戴眼镜者的青睐。一时间，这家公司独占了这一市场空白，赚得盆满钵满。

尝试是一个不断坚持的过程。好多事情是经过反复地尝试才做成的，因为世界上没有随随便便的成功。如果一个人没有坚持下去的决心和毅力，那就绝对不会创造出什么新鲜的东西，为自己的成功找到真正的出路。

美国青年菲尔·耐特和大多数同龄人一样，也喜欢运动：篮球、棒球、跑步……并对阿迪达斯、彪马这类运动品牌十分熟悉。由于对运动的狂热追求，耐特在高中的论文几乎都跟运动有关，就连大学也选择在美国田径运动的大本营俄勒冈大学。

可是，遗憾的是，耐特却是一位成绩糟糕的运动员。他最多只能跑一英里，而且成绩是所有运动员里最差的一位。一英里跑的世界级运动员最低录取线为4分，而耐特拼了命才跑了4分13秒，就是这多出的13秒将他淘汰了。像耐特这样被淘汰的运动员还有很多，尽管他们不甘心，但都无法当上职业运动员，只得纷纷选择了放弃。

而耐特不想放弃，他认真地分析了自己失败的原因。耐特认为，那次的失败不是他的错，完全是他脚上穿的鞋子的错。于是，耐特找到了那些跟他一起被淘汰的运动员，他们一致表示，鞋子确实有问题，但应该不是主要问题。因为很多年以来，运动员都是穿这种鞋子参加训练和比赛的，虽然在训练比赛中，运动员患脚病是经常有的事，但每年还是有很多优秀的运动员产生。很多被淘汰的运动员觉得，主要原因还是自己的技艺不精，或者说自己根本就不是做运动员的料，不能将失败单纯归结于鞋子。

耐特不再与人争论，他决定要设计一种底轻、支撑力强、摩擦力小且稳定性好的鞋子。只有这样，才可以减轻运动员脚上的伤痛，让他们跑出更好的成绩来，才可以让所有的运动员都充分发挥出自己的潜能，不再因为鞋子的原因而惨遭淘汰。

说干就干，耐特精心设计了几幅运动鞋的图样，并请一位补鞋匠协助自己做了几双鞋，免费送给一位运动员使用。没想到，穿上他设计的鞋子的运动员竟然跑出了比以往任何一次都好的名次。从此耐特信心大增，他为这种鞋取名为耐克，并注册了耐克公司。

耐特虽然一辈子与运动无缘，但却让运动员不再为脚伤而苦恼，并成功地推出了代言人迈克尔·乔丹。1976 年，耐克公司年销售额仅为 2800 万美元，1980 年就高达 5 亿美元，一举超过在美国领先多年的阿迪达斯公司。到了 1990 年，耐克年销售额高达 30 亿美元，把老对手阿迪达斯远远地抛在后面，稳坐美国运动鞋的头把交椅，创造了一个令人难以置信的奇迹。

如今，耐克运动鞋已经不仅仅是运动鞋，还成了时尚与社会地位的象征。

尝试去做有可能会失败，但是不去尝试就永远没有机会。很多时候，机会就在我们面前，如果我们放弃了，我们就永远失去了这次机会。如果我们能再坚持一下，多给自己一次尝试的机会，我们就可能获得成功。

发现被遗忘在角落里的机遇

机遇是个很奇妙的东西，虽说无处不在，但有时的确不容易被人发现。粗心的人往往与它擦肩而过，而细心的人却能从平凡的现象中发现端倪，从而让机遇显现。

机遇是普遍而又客观存在的，它并没有注定要被谁发现。善用头脑思考的人，在一般的事物中就可以发现许多的机遇，而对于凡事马虎的人来说，却怎么也找不到机遇。成功学家拿破仑·希尔曾说过这样的话："我们永远都不要抱怨这个世界没有给自己机会，其实，只要你留心，你就会发现生活所给予我们的机会，远远超过了我们可以利用的……"

在这个世界上，很多成功人士原本与我们没有太多的不同，只是多了一双能够发现机会的眼睛。

1928 年，英国细菌学家亚历山大·弗莱明发现青霉菌能分泌一种物质杀死细菌，他将这种物质命名为"青霉素"，但他未能将其提纯用于临床。1929 年，弗莱明发表了他的研究成果，遗憾的是，这篇论文发表后一直没有受到科学界的重视。

十年后，德国生物化学家恩斯特·钱恩在旧书堆里看到了弗莱明的那篇论文，于是开始做提纯试验。1940 年冬，钱恩提炼出了一点点青霉素，这虽然是一个重大突破，但离临床应用还差得很远。

1941 年，青霉素提纯的接力棒传到了澳大利亚病理学家弗洛里的手中。在美国军方的协助下，弗洛里在飞行员外出执行任务时从各国机场带回来的泥土中分离出菌种，使青霉素的产量从每立方厘米 2 单位提高到了 40 单位。

虽然这离生产青霉素还差得很远，但弗洛里还是非常高兴。一天，弗洛里下班后在实验室大门外的街上散步，见路边水果店里摆满了西瓜，"这段时间工作进展不错，买几个西瓜慰劳一下同事们吧！”这样想着，他走进了水果店。

这家店里的西瓜看样子都很好，弗洛里弯下腰，伸出食指敲敲这个，敲敲那个，然后随手抱起几个，交了钱后刚要走，忽然瞥见柜台上放着一只被挤破了的西瓜。这个西瓜虽然比别的西瓜要大一些，但有几处瓜皮已经腐烂了，上面长了一层绿色的霉斑。

弗洛里盯着这个烂瓜看了好久，又皱着眉头想了一会儿，忽然对老板说："我要这一个。"

"先生，那是我们刚挑出来的坏瓜，正准备扔掉呢，吃了要坏肚子的。"老板提醒道。

"我就要这一个。"说着，弗洛里放下怀里的西瓜，捧着那个烂瓜走出了水果店。

弗洛里捧着这个烂西瓜回到实验室后，立即从瓜上取下一点绿霉，开始培养菌种。不久，实验结果出来了，让弗洛里兴奋的是，从烂西瓜里得到的青霉素，竟从每立方厘米 40 单位一下子猛增到 200 单位。

1943 年 10 月，弗洛里和美国军方签订了首批青霉素生产合同。

在二战末期，青霉素横空出世，迅速扭转了盟国的战局。战后，青霉素更得到了广泛的应用，拯救了数以千万人的生命。因为这项伟大发明，弗洛里和弗莱明、钱恩分享了 1945 年的诺贝尔生理学或医学奖。

当机会像一只"烂西瓜"一样被人扔在一边时，你若能发现它，并加以利用，那么，你将获得成功。

1928 年，一家化学公司实验室的一位普通工作人员，因不小心失误，让一个烧锅始终开着过了一个周末。星期一早晨，主任化学师发现烧锅中凝结的材料可以拉出纤维。对他们来说，这是个令人振奋的发现。后来，在此基础上，他们终于找到了制造尼龙的办法。这家公司就是世界上知名的化学公司——杜邦化学公司。

可能有人会不以为然地说："这不过是瞎猫碰着死耗子而已。"但德国人肯定不会这么说，因为在德国的一家大型化学公司的实验室里，同样的情况发生了多次，而且时间比杜邦公司的发现早得多，可他们每次都把凝结纤维给倒掉了，于是一切又得重新开始。这正验证了这样一句话："机会属于有心人。"

纽约的瑞德先生原先从事过沉船寻宝工作，在遭遇那个高尔夫球前，他的日子过得很平凡。

一天，他偶然看到一个高尔夫球因为打球者动作的失误而掉进湖水中。霎时，他仿佛看到一个机会。

他穿戴好潜水工具，跳进了高尔夫球场的湖中。在湖底，他惊讶地看到白花花的一片，那里足足散落了成千上万个高尔夫球，这些球大部分都跟新的没什么差别。

球场经理知道后，答应以 10 美分一个的价钱收购。他这一天捞了 2000 多个，得到的钱相当于他一周的薪水。后来，他每天把球捞出湖面，带回家让雇工洗净、重新喷漆，然后包装，按新球价格的一半出售。

过了一段时间，其他的潜水员闻风而动，从事这项工作的潜水员多了起来，于是瑞德干脆从他们手中收购这些旧球，每个 8 美分。这样，每天都有 8 万—10 万个这样的旧高尔夫球送到他设在奥兰多的公司。现在，他的总收入已达到近千万美元。

对于掉入湖中的高尔夫球，别人看到的是失败和沮丧，而瑞德说：“我主要是从别人的失误中获得机遇。”

盯着那些显而易见的机会，也许不会成功，而从大家没有注意到的地方用心挖掘，才能看到更多更好的机会。发现那些在角落里的机会，成功也许就会向你招手。

善于抓住稍纵即逝的机遇

机遇存在于一次次的偶然之中，有时机遇就在那转瞬即逝的时刻，如果抓住了，那将使你的人生有所改变。因此，学会把握机遇，善于抓住机遇就是渴望成功的人必备的素质。

机遇不是等来的，它只会青睐那些有准备的人，缺乏准备的人，即使是面对着机遇也往往浑然不觉。当然，当机遇来到我们身边的时候，由于它还带着一些不确定的因素，这时，就更需要我们勇敢地迎上去，善于把握、抓住那稍纵即逝的机遇。

1934 年，罗伯特领导一批科学家对地球大气层进行无线电科学考察。一天，他在观察荧光屏上的图像时，被图像中出现的一连串亮点吸引住了。按理说这似乎不是什么特别的现象，一般人也不会太注意，但罗伯特没有轻易地放过这种现象，又进行了一系列的实验，结果终于发现这些亮点原来是被实验室附近的一所高楼反射回来的电波信号。

得知了这些，按理说可以不再关注这些亮点了，但是罗伯特并不因此感到心满意足。他根据电波反射原理继续做实验，成功地发明了雷达。

其实，在科学的偶然发现中，大多数都是这种因偶然迸发出的灵感。而从稍纵即逝的灵感中继续思考，最后就有可能成功。

在 19 世纪 20 年代，英国要在泰晤士河修一条地下隧道，这在当时属于首创。因为隧道要建在松软多水的河底，施工难度可想而知。

为了解决技术难题，工程师冥思苦想，无计可施。一天，他在外面散步，无意中看到了一只虫子在硬壳的保护下慢慢钻进了树干。

这一发现使他顿生灵感。于是，他提出了一个全新的施工方案——构质施工法。

也就是说先将一个空心钢柱体打入地层，然后在硬壳的保护下施工，这样既能防止塌方，而且进度又快。最后，很顺利地完成了工程。

机遇是无形的，有时它就像一个精灵来去匆匆，如果不善于及时捕捉，那就会后悔莫及。

在伦琴发现 X 射线之前，英国、德国、美国的科学家和物理学家都曾看到存放在阳极射线管附近的照相底板被感光了，但他们都没有像伦琴那样认真地抓住这一现象不放，从而失去了发现 X 射线的机遇。哈佛大学的约斯特·贝尔格说过："假定机遇促成了发现，可是在伽伐尼偶然看到挂在铁门上一只蛙腿的弯缩以前，世界上不知道有多少次伽伐尼效应。世界上经常充满这种机遇，可惜伽伐尼和伦琴太少。"

由此我们可以感受到，伽伐尼和伦琴的功绩不在于他们看到了什么现象，而在于他们对这种现象抓住不放，善于从不经意的发现中找到有价值的东西，从而抓住了机遇，获得了成功。

有小孩的父母都知道，给孩子喂药是最痛苦的事情。每一次给生病的孩子喂药，很多家长都会对孩子哀求："宝贝，给你一勺糖，把药咽下去吧。"

很多父母都会因孩子不愿吃药而苦恼，但仅仅是苦恼而已。然而，有一位父亲因为孩子不愿吃药却想到了发明一种调味剂——一种可以掩盖苦味的调味剂。他就是美国商人肯尼·克拉姆。

1992 年，克拉姆的妻子生了一个小女儿哈德莉。但哈德莉是一个早产的婴儿，脑部瘫痪、间歇性肌肉痉挛，每天必须服四次苯巴比妥药水。如果药量吃得不够，她的病就会持续发作。每天给哈德莉喂药，她不是呕吐就是把药喷出来。克拉姆回忆道："那段日子，我们基本上每周都在急诊室度过。"

为了安慰病痛中的小女儿，每次喂完药，他都尽量抱着她玩耍，并且给她吃糖和水果泥。他发现，女儿虽然还在为刚才吃到嘴里的苦药而哭泣，但一看到香蕉，含泪的小眼睛就泛起了光芒。

克拉姆想：要是苯巴比妥药水的味道也像香蕉这么吸引孩子就好了。

这个想法一冒出来，克拉姆就感到十分兴奋，他认为这个想法完全可行。于是他回到父母开的药店里，开始尝试着调试不冲淡药量、不影响药效的无害添加剂。经过无数次尝试，终于，一种香蕉口味的调味剂研制出来了。

以后的十年里，哈德莉再没有因为服药不足而住进医院。

给孩子喂药的经历最终促使克拉姆创办了福雷沃克斯公司，专门生产掩盖药品味道的调味剂，并研制改进其他液体、丸状、粉状处方药味的调味剂配方。

克拉姆的成功完全来自一个突如其来的灵感。其实在我们平凡的生活中，任何一个不经意，都可能激发有心人的灵感，都可能创造一个奇迹。肯尼·克拉姆就做了这样一件事，他是用一勺香蕉调味剂让苦涩的药变得美味，也让许许多多的父母和孩子远离了烦恼和痛苦。

成功与个人努力有关，更与机遇有关，有位哲人说：“人生的道路尽管很漫长，但要紧处就那么几步。”对于人生而言，奋斗固然重要，但能否抓住机遇也是十分关键的。

机遇不喜欢懒汉，也不欣赏投机者，机遇总伴随勤奋努力的人，不断开拓的人，持之以恒的人，力求创新的人。所以要想成功，我们就要做机遇的发现者，及时地把握机遇，赢得属于自己的成功。

第八章

自信篇

信念是一粒种子

信念是成功的保证，一个人的内心中如果蕴藏着一个信念，并坚持不懈地为之努力，那么，他一定会成为笑到最后的人。

在英国伦敦，有一片古老的建筑，为了开辟新的街道，英国政府拆除了这些陈旧的楼房。后来，由于种种原因而久久不能开工，人们发现，在这片废墟上竟长出了野花。令人惊奇的是，其中一些野花在英国从来没有见过。后来，经自然科学家考证，这些野花的种子多半是由古罗马人带到这里的，它们被压在沉重的石头砖瓦之下，一年又一年丧失了生长发芽的机会。

人，就像那些被掩埋的花的种子，也有怀才不遇的时候，也有受压制、被埋没的时候，但如果因一时的埋没而放弃心中的信念，那生命就会成为一具空壳，永远开不出希望的花朵。而有志成功的人无论人生的前景多么黯淡，哪怕看不到一丝亮光，也要把信念的种子细心珍藏。

有一支英国探险队进入撒哈拉沙漠的某个地区，在茫茫的沙海里跋涉。阳光下，漫天飞舞的风沙像炒红的铁砂一般，扑打着探险队员的面孔。队员们口渴至极，而水却早已喝光。这时，探险队长拿出一只水壶，说："这里还有一壶水，但穿越沙漠前，谁也不能喝。"

一壶水，成了穿越沙漠的信念之源，成了求生的寄托目标。水壶在队员手中传递，那沉甸甸的感觉使队员们濒临绝望的脸上又露出坚定的神色。终于，探险队顽强地走出了沙漠，挣脱了死神之手。大家喜极而泣，用颤抖的手拧开那壶支撑他们的精神之水，可缓缓流出来的，却是满满的一壶沙子。

炎炎烈日下，茫茫沙漠里，真正救了他们的不仅仅是这一壶沙子。他们执著的信念，已经如同一粒种子，在他们的心底生根发芽，最终领着他们走出了"绝境"。

事实上，人生从来没有真正的绝境。无论遭受了多少艰辛，经历了多少苦难，只要心中还怀着一粒信念的种子，那么总有一天能走出困境，让生命重新开花结果。

人生就是这样，只要种子还在，希望就在。

罗杰·罗尔斯是美国纽约州历史上第一位黑人州长。他出生在纽约声名狼藉的贫民窟。那里环境肮脏，充满暴力，是偷渡者和流浪汉的聚集地。在这儿出生的孩子，耳濡目染，他们从小逃学、打架、偷窃甚至吸毒，长大后很少有人从事体面的职业。然而，罗杰·罗尔斯是个例外，他不仅考入了大学，而且成了州长。

在就职的记者招待会上，一位记者对他提问：是什么把你推向州长宝座的？面对数百名记者，罗尔斯对自己的奋斗史只字未提，只谈到了他上小学时的校长——皮尔·保罗。

１９６１年，皮尔·保罗被聘为诺必塔小学的董事兼校长。当时正值美国嬉皮士流行的时代，当他走进诺必塔小学的时候，发现这儿的穷孩子比“迷惘的一代”还要无所事事。他们不与老师合作，旷课、斗殴，甚至砸烂教室的黑板。皮尔·保罗想了很多办法来引导他们，可是没有一个是奏效的。后来他发现这些孩子都很迷信，于是在他上课的时候就多了一项内容——给学生看手相。他用这个办法来鼓励学生。

当罗尔斯从窗台上跳下，伸着小手走向讲台时，皮尔·保罗说：“我一看你修长的小拇指就知道，将来你是纽约州的州长。”当时，罗尔斯大吃一惊，因为长这么大，只有他奶奶让他振奋过一次，说他可以成为五吨重的小船的船长。这一次，皮尔·保罗先生竟说他可以成为纽约州的州长，着实出乎他的意料。他记下了这句话，并且相信了它。

从那天起，“纽约州州长”就像一面旗帜，激励着罗尔斯的奋进。从此罗尔斯的衣服不再沾满泥土，说话时也不再夹杂污言秽语。他开始挺直腰杆走路，在以后的40多年间，他没有一天不按州长的标准要求自己。51岁那年，他终于成了州长。

在就职演说中，罗尔斯说：“信念值多少钱？信念是不值钱的，它有时甚至是一个善意的欺骗，然而你一旦坚持下去，它就会迅速升值。”

在这个世界上，信念这种东西任何人都可以免费获得，所有成功的人，最初都是从一个小小的信念开始的。信念就是所有奇迹的萌发点。永远坚持信念，成功就会在前面等你。

把信心当作成功的入场券

生活在现代社会，要获得成功，就不得不在商场和办公室内步步为营。没有自信便不可能有成功，只有首先对自己充满十足的信心才可身披战衣，驰骋战场。自信，就是人生成功的入场券。

有人说，自信不过是一种感觉，如果你用肯定的态度去对待，久而久之它就会变成一种实在的行动，而其他人的意见或者自己的怀疑则经常会让你对自己的能力产生怀疑。最好的办法就是不管别人怎么说，自己都要尽可能地去尝试。尝试越多，便对自己的局限了解得越清楚，自己的选择就会更加贴近实际。自己能做什么不能做什么便逐见分晓，自信心自然会增加。

可现实中，有许多人总觉得自己其貌不扬，或者在公司里地位低下，人微言轻，又或者觉得自己口才不好、人缘较差，或因身体某一部位的先天残障，进而怀疑自己成功的可能性。其实，这都是由于人的自信心不足在作祟，这种自信心的不足极大地限制了人们原本有可能获得的成功。

爱默生说过:“自信是成功的第一秘诀。”可以说，人生最大的缺失莫过于失去自信。在很多人的性格中，都存在着这样的想法：自己根本不是做某事的材料。这种消极的想法一直盘踞在他们的内心，使得他们没有自信，长此以往，连做事都畏首畏尾，更谈不上获得成功了。其实，大胆地相信自己，不仅能实现自己的梦想，更能表现一种积极的生活态度。

在美国，有一个叫露丝的女子，本来只是一个普通人，但是她的故事却让很多人津津乐道，这是为什么呢？因为常人很难想象，她是在30岁的时候开始学习芭蕾舞的。

露丝是一个从小就有着很多美丽梦想的女子，她总是梦见自己变成一个漂亮的女孩子，会跳很多好看的舞蹈，而实际上，她因为过于高大，容貌也不美丽，根本就与舞蹈无缘。在别人的眼里，她就不是一个从事艺术工作的人。在很长一段时间里，她自己也是这样认为的。由于害怕别人的轻视和嘲笑，她就只能把自己的舞蹈梦藏在心里。

露丝是一所技工学校的班主任，在工作中，她曾大胆地把《蓝色多瑙河》编成了舞蹈，并教给班上的孩子们跳。后来，芭蕾舞团的一个演员看了孩子们的演出，被露丝的想象力打动了。他们建议露丝去团里的业余班学习芭蕾，而此时的露丝已经是30岁的妇人了。

在学习之后的日子里，露丝说自己变得更加成熟，很多观念也开始发生变化。在她看来，自己的最大变化是，她开始尊重别人对自己的感觉，更尊重自己对自己的感觉，她不会再让别人的意见左右自己的行动。

这样做的结果是，露丝发现自己真的变漂亮了。她再也没有之前的自卑感了，而是大胆地尝试自己想做的一切。通过芭蕾舞的学习，露丝不仅实现了梦想，更学会了一种生活态度，塑造了全新的自我，而这一切的根基就是知道自己能行。

在这个世界上，信心是谁都可以具有的，大凡成功的人，最初都是从树立信心开始的，可以说，信心是所有奇迹的萌发点。一个人只要拥有了自信，那么不管遇到怎样的失败，遭遇怎样的挫折，成功都将属于他。

有一个孩子叫迪洛克，他从小就体弱多病，不能像别的孩子那样快速地奔跑，也不能像别的孩子那样干活儿。因此，他总觉得自己不如别人，时间长了，便养成了胆怯、孤僻的性格。大人们都说："这孩子长大了不会有什么出息。"他的父母对他也不抱什么希望了，他们总是迁就他的软弱，说只要能活着就可以了。

后来，不知道由于什么原因，有一次，老师告诉迪洛克可以不参加期中考试时，他竟然脱口而出一句"我能行"。当话一出口的时候，他又后悔了，因为自从生病后，他已经一个多月没有上课了，功课已经落下了一大截。但是，话已经说出去了，又不好再对老师说补考，于是，他只有咬牙硬拼一场。没想到，这次期中考试他竟然名列第一。

后来，由于父亲的工作调动，迪洛克一家从荒僻的西部山村来到了繁华的城市。在新的学校，迪洛克又产生了自卑的心理。在一次联欢会上，同学们表演了很多节目，每一个都是那么精彩，这让迪洛克又感到自愧不如。这时，不知道谁嚷着非要让他露一手，于是，迪洛克暗地告诉自己“我能行”。上台后他给大家讲了一个以前看过的笑话，没想到同学们竟然笑得前仰后合，并报以热烈的掌声。

过了不久，学校号召大家参加一次大型的征文比赛。迪洛克开始时感到很害怕，觉得以自己的水平，参赛好像没什么希望。但同时他又在想，不参加怎么知道行不行呢？怀着忐忑而又不服输的心，迪洛克参加了这次比赛。半个月后，学校公布了获奖名单。在优秀奖那一栏，迪洛克看到了自己的名字。

此后，“我能行”成了迪洛克的座右铭，他时时记着这句口号，给自己带来了勇气和信心，更激发了自己的潜能。从那以后，迪洛克再也不是那个胆小怕事的孩子了，而是自信满满。他不仅不再懦弱，而且在各方面都有了很大的进步。

心中有信心，成功就有动力。莎士比亚说过：“自信是成功的第一步”。一个从未被他人所打败的人，打败他的恰恰是他自己。我们想要成就大事，就必须充分地相信自己。

只要有坚定的自信，就能对自己所从事的事业充满力量。坚定的自信，便是成功的源泉，不论才干大小，天资高低，成功都取决于坚定的自信。相信能做成的事，一定能够成功。反之，不相信能做成的事，那就决不会成功。

不相信自己的意志，永远也做不成将军

成功并非唾手可得，它靠的是坚强的意志、矢志不渝的坚贞和持之以恒的耐久。一个人要想成功，首先就应具有成功的心理品质，那就是坚韧不拔的意志。

“在这个世界上，没有人能够使你倒下，如果你自己的信念还站立的话。”这是黑人领袖马丁·路德·金留下的一句很激励人心的话。

自信的人生是永远不会被击败的，除非他自己最后精疲力竭，无力拼搏，因为最富有成就的人就是依靠他们的自信、智慧和能力取得成功的。

美国前总统罗斯福，当他还是参议员时，英俊潇洒，才华横溢，深受人们的爱戴。有一天，罗斯福在加勒比海度假，游泳时突然感到腿部麻痹，动弹不得，幸亏旁边的人发现和挽救及时，才避免了一场悲剧的发生。

经过医生的诊断，罗斯福被证实患上了脊髓灰质炎。医生对他说：“你可能会丧失行走的能力。”罗斯福并没有被医生的话吓倒，反而笑呵呵地对医生说：“我还要走路，而且我还要走进白宫。”

第一次竞选总统时，罗斯福对助选员说：“你们布置一个大讲台，我要让所有的选民看到我这个患麻痹症的人，可以‘走到前面’演讲，而不需要任何拐杖。”

当天，他穿着笔挺的西装，面容充满自信，从后台走上演讲台。他的每次迈步声都让每个美国人深深感受到他的意志和十足的信心。后来，罗斯福成为美国历史上唯一一个连任四届的伟大总统。

成功学的创始人拿破仑·希尔说：“自信是人类运用和驾驭宇宙无穷大智的唯一管道，是所有‘奇迹’的根基，是所有科学法则无法分析的玄妙神迹的发源地！”罗斯福即使在身体残疾时，也总是对自己充满自信，总是充分相信自己的能力，深

信所做的事必能成功，因此在他做事时，就能付出全部精力，排除一切艰难险阻直到胜利。

其实，对于你的梦想能否实现，真正有影响的观点是你自己的看法，很多事情的成功，最主要的是靠不屈不挠的意志力与绝对的自信。

自信是一种动力，它可以推动你去做别人认为不可能成功的事情。自信并不在于你是如何优秀的人，也不在于你自我感觉如何，而在于你是否具有采取明确的行动来使生活中的问题得到解决的才智。总是以自己本身某部分的缺陷而限定自己能力的人，是不聪明的，那只是找借口来掩饰自己害怕失败的心理。生命本身是一种挑战，即使自己有缺陷，但是只要不认输，肯努力去证明自己某方面的本领，就一定能获得成功。

将自卑踩在脚下

我们都听到过这样的话：人最大的敌人就是自己。外在的任何困难其实都不可怕，但如果自己被自己打倒，那才是真正的失败。

拿破仑·希尔曾经说过：要想永远保持乐观的态度和拥有成功的人生，那就请拔去自卑的重锚，扬起自信的风帆。

每个人都知道，自信是所有成功人士必备的一项素质，而自卑则会使人对生活、对事业缺乏信心，始终在痛苦的泥淖中挣扎。

自卑的人总感觉处处不如别人，自己看不起自己，“我不行”、“我没希望”、“我会失败”等话总是挂在嘴边。自卑的人往往自尊心极强，自卑与自尊经常会发生冲突，这种冲突会使人产生极其浮躁的心理。

其实，谁都曾有过自卑的念头，但千万不要让这种危险的念头主宰了你，你要相信，你会战胜自卑的。

1951年，英国人弗兰克林从自己拍摄的极为清晰的DNA（脱氧核糖核酸）的X射线衍射照片上，发现了DNA的螺旋结构，就此还举行了一场报告会。可是弗兰克林生性自卑多疑，总是怀疑自己论点的可靠性，后来竟然放弃了自己先前的假说。

然而，就在两年之后，沃森和克里克也从照片上发现了DNA分子结构，提出了DNA的双螺旋结构的假说。这一假说的提出标志着生物时代的开端，从而获得了1962年的诺贝尔医学奖。

假如弗兰克林是个积极自信的人，坚信自己的假说，并继续进行深入研究，那么这一伟大的发现将永远记载在他的英名之下。

自卑会导致失败，这是显而易见的，它是一种消极的自我评价或自我意识。一个自卑的人往往过低地评价自己的形象、能力和品质，总是拿自己的弱点和别人的强处比，觉得自己事事不如人，在人前总是自惭形秽，从而丧失自信，不思进取甚至沉沦。但是，自卑对成功是起不了任何作用的，真正想获得成功的人，不管自身有着怎样的缺陷，都会将自卑踩在脚下，走出属于自己的成功之路。

黄美廉就是这样一个克服自卑，获得成功的人士。

她在出生时，由于意外使脑部神经受到严重的伤害，以致颜面四肢肌肉都失去了正常作用。当时她的爸爸妈妈抱着身体软软的她，四处寻访名医，结果得到的都是无情的答案。她不能说话，嘴还向一边扭曲。六岁时，她还无法走路，家人都对她的前途失去了信心。

但就是这样一位在他人看来没有任何希望的人，却在经过多年努力后不但成为了艺术博士，还开过多次画展，并为多家报刊撰写专栏。

在谈到自卑的时候，黄美廉说，自卑是很正常的情绪之一，但如果过分自卑，那就形成一种病态了。作为她本人来说，好像比一般人更容易自卑，但她已经学会接受自己。她早已习惯了别人对她的目光，她常说的一句话是：我只看我所有的，不看我所没有的。

有人说不自卑是成功的起点，事实的确如此。人纵有一万条理由自卑，也有一万条理由自信。战胜自卑，打败心中的敌人，将自卑变为发奋的动力，就能大踏步地走向成功。

周围人对我们的判断，常常取决于我们的自我评价。对于那些非常自信的人来说，周围的人也会非常信任他；另一些人非常胆怯，从来不相信自己，无法独立作出判断，总是依赖别人的意见，对这种人，周围的人自然也不敢信任他。如果一个人在做事时充满了自主性，能够雷厉风行，相信自己一定能成功，那么他就能赢得别人的信任，因为他是自信的。

夏洛蒂的自信不仅帮助自己圆了作家梦，而且促成了两个妹妹的成功。

她 14 岁时上学。那时，她的爱尔兰口音很重，衣着寒酸，长得也不漂亮，还是严重近视，这些都是同学们嘲笑的对象。但是在课堂上、在集体活动中，她不失时机地表现自己的优势。同学们很快就发现，这个瘦骨伶仃的穷丫头，她的学识、想象力和聪明才智是所有人都望尘莫及的。她以优异的成绩连续三个学期获得校方颁发的银奖，并获得一次法语学习奖。渐渐地，她得到了同学们的尊重，还交了几个好朋友。

而她的妹妹艾米莉则无法适应学校的生活，她入学时17岁，比别的同学大得多，个子也比别的同学高，除此以外，她遇到的问题和夏洛蒂当初遇到的一样。她被孤立、被嘲笑。日日夜夜与这些人生活在一起，成了她的噩梦，并使她感到耻辱。她打心眼里瞧不起这些奚落自己的人，知道他们是一些平庸的人，不如自己聪明，但她不会像夏洛蒂那样主动证明自己。她根本不和同学们来往，也就根本不能展示自己的才华。她连一个朋友也没有。在学校熬了三个月，她就回家了。

夏洛蒂的弟弟布兰威尔的情况更糟，他被送到伦敦皇家美术学院学习，在这里，他连起码的自信都丧失了，因为比他画得好的同学多的是。在家里，他以为自己是世界上最有才华的，而现在，他怀疑自己根本没有绘画的天赋。在花光了所有的生活费后，就灰溜溜地回家了。情绪好转以后，他又拾起了画笔，但是每当他看到别人的作品比自己的好时，就又把自己全盘否定了，在沮丧心情的笼罩下开始重新考虑前途。就这样，他一会儿画画，一会儿写小说，但是一件事也没干成。

而此时的夏洛蒂正在自己的人生道路上坚韧地跋涉。毕业以后，她成了母校的老师，但时间长了，她发现自己根本不喜欢这个职业，也懒得应付那些调皮捣蛋的孩子。于是，她笃定了从事文学创作的志向——要靠写作挣钱、挣脱命运的桎梏。当她向父亲透露这一想法时，父亲却说："写作这条路太难走了，你还是安心教书吧。"

于是，她给当时的桂冠诗人罗伯特写信，两个多月后，她日日夜夜期待的回信这样说："文学领域有很大的风险，你那习惯性的遐想，可能会让你思绪混乱，这个职业对你来说并不合适。"但是夏洛蒂对自己在文学方面的才华太自信了，不管有多少人在文坛上挣扎，她都坚信自己会脱颖而出。

她忙里偷闲地从事创作，现在她不像小时候那样纯粹为自娱而写作，她要让作品出版。这期间，两个妹妹仍然在自己笔下的幻想王国中自得其乐，既没想到出版也没想到发表。那个弟弟曾经梦想当画家，却有一颗善于自我打击的脆弱而敏感的心，在一次次自寻烦恼之后失去了自信，并堕落为一个酒鬼、烟鬼。

在夏洛蒂的鼓动下，姐妹三人自费合出了一本诗集。据说这诗集只卖了两本。但夏洛蒂没有气馁，她先后写出了长篇小说《教师》、《简·爱》，与此同时，艾米莉写出了《呼啸山庄》，安妮写出了《阿格尼斯·格雷》。

这些书的价值，现在已经有目共睹了。如果没有夏洛蒂的自信心和不懈的努力，她们或许直到今天都不为人所知。

坚强的自信，乃是成功的无尽源泉。一个人所能取得的成就，不可能超出他的自信所达到的高度。一个平凡的人，如果他有非常顽强的自信心，那他一定可以干出一番惊天动地的业绩。

罗斯福夫人艾莉洛出身名门，照理说应该是个非常自信的女孩子，其实情况不然。正因为家中美女如云，她的母亲、婶婶个个都是社交界名媛，相形之下，她一直认为自己是个笨拙的丑小鸭，长相平凡，谈吐羞涩，又不会跳舞、不会溜冰，简直是一无是处。她终日就生活在这种充满自卑感以及他人的阴影之下。

直到有一天，在一次圣诞节的舞会里，有一位年轻人走上前来对她说："我能请你跳支舞吗？"就从这一次邀请之后，忽然便有许多年轻人来邀她共舞。而那第一位邀她共舞的年轻人，就是美国政坛知名的人物富兰克林·D. 罗斯福。

艾莉洛的自卑与自信，只在一线之间。在那一刻，相信她的长相没变、装扮没变，变的是她因为自信而导致脸上不同的光彩，因为自信是最好的美容圣品。一句话、一个邀请，便改变了艾莉洛的一生。

其实，只要了解自卑与自信仅有一线之隔，我们也一样可以改变自己的一生。

用信念提升自我价值

成功离不开信念。信念是信心的延续，是信心的归宿。只有坚定信念，才能真正把握住自己，把握住历史，把握住趋势，把握住未来。才能拨乌云见晴日，才能真正走向成功。

成功总是与困难为伍，当信念在困难面前退缩时，哪怕目标近在咫尺，成功也会遥遥无期；当信念把困难征服时，成功就会降临到你的面前。

一个人的一生需要面对许多机遇和挑战。要想挑战，就要鼓起勇气，坚定信念，并沿着自己的理想和信念坚定地走下去，才可以得到好的成绩。

随着《哈利·波特》风靡全球，它的作者和编剧J.K.罗琳成了英国最富有的女人，她所拥有的财富甚至比英国女王的还要多。然而，她也曾有过一段穷困落魄的历史，而她的成功恰恰在于她坚持自己的信念。

罗琳从小就热爱英国文学，热爱写作和讲故事，而且她从来没有放弃过。大学时，她主修法语。毕业后，她只身前往葡萄牙发展，和当地的一位记者坠入情网并结婚。

无奈的是，这段婚姻来得快去得也快。婚后，丈夫的本来面目暴露无遗，他殴打她，并不顾她的哀求将她赶出家门。

不久，罗琳便带着三个月大的女儿杰西卡回到了英国，栖身于爱丁堡一间没有暖气的小公寓里。

丈夫离她而去，工作没有了，居无定所，身无分文，再加上嗷嗷待哺的女儿，罗琳一下子变得穷困潦倒。她不得不靠救济金生活，经常是女儿吃饱了，她还饿着肚子。

但是，家庭和事业的失败并没有打消罗琳写作的积极性，用她自己的话说：“或许是为了完成多年的梦想，或许是为了排遣心中的不快，也或许是为了每晚能把自己编的故事讲给女儿听。”她每天不停地写呀写，有时为了省钱省电，她甚至待在咖啡馆里写上一天。

就这样，在女儿的哭叫声中，她的第一本《哈利·波特》诞生了，并创造了出版界的奇迹。她的作品被翻译成35种语言在115个国家和地区发行，引起了全世界的轰动。

罗琳从来没有远离过自己的信念，并用她的智慧与执著获得了巨大的财富。即使她的生活艰难，她也坚信有一天她必定会到达事业的顶峰。

相反，一个没有信念，或者不坚持信念的人，只能平庸地度过一生，而一个坚持自己信念的人，永远也不会被困难击倒。因为信念的力量是惊人的，它可以改变恶劣的现状，形成令人难以置信的圆满结局。

有一位伟人说过：“任何时候都没有理由丧失信心，只要事情还在继续，成功就不是幻影。”

坚定的信念可以帮助我们克服重重困难，跨过种种阻碍，促使我们付出积极努力的行动。如果一个人对成功的信念不够坚定，那么他就会在充满困难和阻碍的现实面前缩手缩脚，很难到达成功的彼岸。

作为梦想成功的人，我们应该拥有坚定的信念，相信自己总有一天会走向成功，因为我们每天都在为了目标的实现而坚持不懈地努力奋斗。只要坚定信念并不断付出，成功就一定会属于你。

昂起头，你是最棒的

成功学家卡耐基认为，如果你坚持只要最好的，往往都能如愿，生活的快乐与否，完全取决于个人对人和事物的看法如何。因为，生活是由思想造成的。只要相信自己是最棒的并配合相关的活动，那你终究会成功。

卡耐基说过这样一句话，如果你要的是二流或三流的，你就不会去寻找获得一流事物的方法，你也就永远与一流事物无缘。如果你坚持要最好的，你会留心观察一流事物，模仿一流的表现，探寻一流的解决方法。

一位赛车手在比赛中得了第二名，他非常兴奋地跑回家，想把这个好消息告诉妈妈。他冲进家门叫道："妈妈，有35辆车参加比赛，我得了第二名！"

"这值得高兴吗？要我说——你输了！"母亲回答道。

"妈妈，你不认为第一次就跑第二名是很了不起的事吗？而且有这么多辆车参加比赛。"他抗议道。

"你用不着跑在任何人后面。如果别人能跑第一，你也能！"母亲严厉地说。

这句话深深地刻进了儿子的脑海。

在接下来的几十年中，他称霸赛车界，成为运动史上赢得奖牌最多的赛车选手。他就是理查·派迪。

理查·派迪的许多项纪录到今天还保持着，没人能打破。几十年来，他一直没有忘记母亲的责备——你用不着跑在任何人后面。母亲的这句话让他明白了一个道理，那就是一个人要不断地鼓励自我："我是最棒的！"

我是最棒的！这句话表现的是一个人的心态，这种心态非常重要。因为态度决定成败，只有勇于尝试，行动才会有力量。

在生活和学习中，人们经常会遇到困难和挫折，而失败后的态度会决定所能取得的成就。很多人不敢去追求成功，不是追求不到成功，而是因为他们认为成功是不可能的，是没有办法实现的。这样，就因为害怕去追求成功而不得不忍受失败者的生活。

哈佛大学的罗森塔尔博士曾在美国加州一所学校作过一个著名的试验。新学年开始时，罗森塔尔让校长把三位教师叫进办公室，对他们说："你们是本校最优秀的老师。因此，我们特意挑选了100名全校最聪明的学生组成三个班让你们教，希望你们能让他们取得更好的成绩。"校长又叮嘱他们，不要让孩子或孩子的家长知道他们是特意挑选出来的。

一年之后，这三个班的学生成绩果然排在整个学区的前面。这时，校长告诉了老师们真相：这些学生只不过是随机抽调的最普通的学生，而他们也不过是随机抽调的普通教师罢了。

这个结果正是博士所预料的：这三位教师都认为自己是最优秀的，并且学生也都是高智商的，因此对教学工作充满了信心，工作自然非常卖力，结果也非同一般。

正如拿破仑·希尔所说："记住，你唯一的限制就是你自己脑海中所设立的那个限制。"可见，事情发生与否并不完全取决于我们的主观判断，我们认为不可能的事情往往会变为可能。每种事情都有发生的可能，我们千万不要认为自己一无是处。

成功与失败之遥在于信念

一个人无论是富裕还是贫穷，无论学历高低，都在于他的信念，如果一个人想成功而没有信念，那么无论他在哪个行业，都不会是成功的。

一个人若是成功了，那么在谈到成功经验时，他可能会说出很多，但要是失败了，那原因可就不多了。世界上有20%的人是富人，而有80%的人是穷人，原因在于，成功与失败之间有一步之遥，那就是信念。

信念是坚定的认知。心理学认为，信念是一种需要，它是激励人按照自己认为正确的观点、原则去行动，去实现目标的一种强大的内在力量，比如“我一定会创业成功”。这个解释可能还会让你把信念和“想法”、“愿望”、“念头”等近义词混为一谈，其实，信念与它们的最大区别就在于它的坚定性和不可动摇性。

打个比方，“我想创业”或者“我要创业”这仅仅是个念头或者愿望，是信念的最初形式。只要当它们有了强大的力量支撑，转化为“我一定会创业成功”的时候，信念才算真正产生。认识到了这一点，我们才能更好地理解为什么信念会有如此大的作用。

对于每个独立的个体来说，树立并坚持信念，是生命中可贵的精神财富。不管目前的生活状况多么糟糕，不管你的薪水低得多么难于启齿，不管创业之路遭到多少冷遇，也不要怀疑你的信念。有了它的指引，你就能在矛盾中摆正心态，在失落中重新定位，才能“百尺竿头，更进一步”。

有一位汽车销售员，由于不敢主动向顾客推销，只要顾客一拒绝就马上退缩，因此他的销售业绩始终是最差的，他的收入也就无法和其他的销售人员相比。由于收入始终不见好转，慢慢地，他的经济压力越来越大。如果他的收入再不改善，可能就会陷入经济困境。

生活的压力很大，他不得不去学习有关的销售技巧，希望情况有所改观，但他的销售业绩依然未见起色。

一天早上，当他正吃早点时，望着手中拿着的面包，脑海中忽然闪过一个念头："我如果再不能提升我的业绩，增加我的收入，我连面包都没得吃了，那些来买汽车的顾客其实就等于我手中的面包啊！我能多争取到一位顾客就等于多一块面包。每天都有面包自己送上门，不需要去外面找，我为什么还退缩，不好好把握呢？"

就因为想法这么一变，这位汽车销售员的态度、做法便和以往有了根本的改变。每当有顾客上门时，他总是积极主动地为顾客介绍各种车辆的性能，并告诉顾客有关车辆的常识，让顾客有全然不同的感受。

即使顾客没有购买汽车，他也是很客气地请他们留下资料，并亲切地送顾客离去。顾客们感受到他这种亲切的态度，也都很乐意留下他们的资料，并允诺只要他们买车，一定会来找他。

除此之外，他还经常打电话给那些向他买车的顾客，访问车辆使用的情况，并且免费提供如何保养车子的常识。如果有什么问题没办法解决的，他就会介绍顾客到信誉好，价格公道的汽车修理厂去。他的这种做法让那些跟他买车的人感到很满意，因此，当他询问他们是否有朋友或亲戚要买车子时，这些曾向他买车的人，都十分愿意介绍亲戚朋友向他买车。而对于那些介绍亲戚朋友向他买车的人，他都会送他们礼物以表达谢意。

就这样，他的许多朋友基于相互回报的心态，又会介绍许多新的客户向他买车。如此一来，他的客户便如滚雪球般不断增加，不仅销售业绩节节高升，收入也显著增加，经济压力完全解除，最后还成了有名的汽车销售大王。

可以说，世上所有的成功秘密都贯穿着一根"金线"，这根线可以用一个词来表达，那就是——信念，正是这一元素在所有那些对成功加以接受并坚持实践的人身上产生奇效，让人们通过精神治疗的方法得以痊愈，让他们攀上成功的阶梯。

麦当劳的创始人雷·克洛克最欣赏的格言是："走你的路，世界上什么也代替不了坚韧不拔的信念。才干代替不了，那些虽有才干但却一事无成者，我们见得多了；天资代替不了，天生聪颖而一无所获者几乎成了笑谈；教育也代替不了，受过教育的流浪汉在这个世界上比比皆是。唯有坚韧不拔、坚定信念，才能无往而不胜。"

持之以恒，是很多成功者的秘诀。偶尔做一件事并不难，但持久地为一个理想，一种信念而作出不懈的努力却是大多数人所欠缺的“本领”。“坚持”这两个字说起来容易，实际操作起来却被太多现实的烦恼所牵绊——个人的懒惰，意志的动摇，外部的诱因，客观条件的不允许等等。因此，如果在任何一个环节上断了这根“金线”，成功就都成了遥不可及的事情。当然，如果你勤奋，有能力，有胆识，从不畏惧通往成功路上的一切困难，那么强大的信念在此时就能给你最大的动力。

通常，人们在勾画梦想的时候往往会依据自己的“能力”，而对能力的判断则来源于以往成功或失败的经验，尤其是失败的经验，会牢牢限制住一个人对自我能力的认定。有人会想，我以前做过某些事情，却没有成功，所以以后也不要再尝试这种类似的事情了。殊不知在这种念头的指导下，梦想往往容易“缩水”。很多人总是驾轻就熟地做“能力范围以内的工作”，不敢去寻求突破点，甚至不敢去企及高远的“志向”，终日庸庸碌碌地生活在小天井里，毫无作为。

成功者告诉我们，让信念照进现实，为自己制定明确可行的目标，不仅是为了得到社会认同感，同样也是对自己的生命负责，对自己的人生负责。信念是人们手心中的一块水晶，流光溢彩，闪耀着圣洁的光芒，现实的种种很容易让它破碎。只有精心呵护，才能让自己的人生放射出持久的魅力光彩。

你并不是一无是处

成功几乎是每个人都孜孜以求的，而发现自我是寻找成功的第一步。谁都不是一无是处，只是还没有发现自身的潜能而已。只要相信自己，努力提升自己，那么，成功也就在不远处向我们招手了。

英雄不问出处，是金子总会发光。不管你来自社会的哪个阶层，也不管你现在所从事的是什么职业，只要你牢记心中的理想，微笑着面对生活，不在妄自菲薄中自暴自弃，也不在怨天尤人中委靡消沉，时时留意身边的机会，努力奋斗并充实提高自己，就一定会脱颖而出，成为一颗耀眼的明星。

美国有一个叫罗伯特的人，用几年时间收集了七万多件“失败产品”，然后创办了一个“失败产品陈列室”，并一一配上了言简意赅的说明。由于这一展览给人以真实深切的警示，开展后观者如潮，给罗伯特带来了滚滚财源。

展览“无用”的废品竟创造了成功，不禁让我们联想到一句西方的幽默：所谓垃圾，就是放错了地方的好东西。生活中的很多事情也是如此。既然放错了地方，就不妨给它换个位置，谁找准了这个“地方”，谁就能让那些“垃圾”大放光彩。

有一位旅行者，走到了一个十分偏僻的地方。在那里他发现了一大片兰草。经仔细辨认后，他确定那是兰花中的珍品：佛兰。旅行者惊喜至极，决定把这些花带回城里出售。旅行者找到一户农户，想借一把锄头。当憨厚的男主人明白了旅行者的来意后，很爽快地把锄头递给他，只是提出了一个要求：跟着他去看一看是怎样的一种花儿，竟让旅行者如此着迷。

看过之后，农民很是失望。“原来是这种自生自灭的小草，我们这里的人谁都不要，这草是没用的，我们曾割回去喂牛，可是它闻都不闻一下呢。”说完，农民遗憾地走了。几天以后，旅行者回到了城里，带回去的几十株佛兰，很快使他成了富翁。

其实，世上本没有绝对无用的东西或失败的事物，只是利用的方式不同罢了。同一种事物，在不同的人眼里，或者在不同的际遇里，往往会有不同的价值。

人生也是如此，这世上本没有天生无用、天生失败或者天生成功的人，关键是你处在什么位置，或者选择了什么样的道路。所以不要说自己一无所有，一无所能，只不过你就像那株佛兰一样，还没有被发现而已。

托尼是一名普普通通的银行职员。从专科学校毕业后，他就一直待在这家银行。八年过去了，他的身份和刚到这家银行相比，没有任何变化。他没有犯过什么大的错误，但也没有任何功绩。在银行里，他似乎是可有可无的人。已经30多岁了，可他还是住在单身公寓里。

托尼是个孤儿，他是在孤儿院长大的。相比自己那些流浪街头的儿时伙伴来说，他觉得自己的境遇已经足够好了，即便公司里所有的人都喊着加薪，他也不会参与其中。这不单单是因为他没有这个胆量，更多的原因是，他觉得自己得到了应该得到的。现在的生活已经很不错了，他从未想过自己还能过更好的生活。

本来，日子就这样平静地过去，可詹姆士的一个玩笑却改变了托尼的一生。

一天上午，詹姆士看到报纸上有一则关于拿破仑后裔的文章。文中提到，这些后裔很可能就分布在今天的伦敦市郊。他们中有的大部分都是孤儿。这则不大不小的消息让詹姆士有了鬼主意。他知道托尼是孤儿，而且托尼所在的孤儿院正好在伦敦市郊，就编了个故事。为了达到更好的效果，他还和几位同样无聊的同事商量了一番。大家打算捉弄一下这老实得有些呆头呆脑的托尼。

当托尼吃过午饭回到办公室的时候，詹姆士便开始大呼小叫地向托尼喊："托尼，你的身世终于弄清了！"其他几位同事也随声附和着。托尼大吃一惊，在此之前，他从没想过自己的身世还有水落石出的一天。当大家告诉托尼，他很有可能是拿破仑的曾孙时，托尼的第一反应竟然是："拿破仑是谁？"

这个片断在后来被演绎成整栋银行大楼里最搞笑的故事，詹姆士做梦也没想到托尼会问这样的问题。也难怪，托尼除了对数字很感兴趣，很少有其他的兴趣和爱好，他对历史一向没有兴趣。但这一回，为了弄清自己的身世，托尼决定破一次例。

他从图书馆中找来了所有和拿破仑有关的书。在阅读的过程中，托尼慢慢知道了，拿破仑是让整个欧洲为之颤抖的大英雄，他曾率领着法国的骑兵踏遍欧洲的土地，即便被囚禁至死，他也仍然是个让敌人望而生畏的家伙。

意识到自己是这样一位大英雄的后代，托尼开始热血沸腾了。他开始反思自己的现状。一位法国皇族的后裔，一位英雄的后代应该过什么样的生活呢？托尼开始对自己的现状不满，同时他开始大量学习与银行业相关的一切，只为了不辱没自己的祖先。

十年后，托尼已成为另一家银行的总经理。同时，他还拥有了数家属于自己的企业。他终于实现了自己的梦想——离自己的祖先所创下的成就更近一些。

一个偶然的机会，他又碰到了詹姆士。闲聊中，二人谈到了托尼的身世。仍然在做小职员的詹姆士不好意思地向托尼坦白，那只不过是大家和托尼开的玩笑，没有任何证据证明托尼是拿破仑的后裔。

但托尼毫不在乎地摇摇头："那没有什么，现在我是不是拿破仑的后裔已经不重要了，我已得到了梦想中的一切。我还要谢谢你们当年和我开的玩笑，否则我可能仍然在做我的小职员。"

所有的成功之路，究其本质都是以适当的方式表现了自己的个性。我们的价值不在于外面的评价，而在于我们给自己的定价。我们每一个人的价值，都不是绝对的。坚持自己崇高的价值，接纳自己，磨砺自己，给自己成长的空间，每个人都能成为"无价之宝"。哪怕现在没有做出成绩，但只要坚信自己并不是一无是处，勇于奋斗并坚持不懈，就终能等到成功的出现。

第九章

细节篇

天下大事，必作于细

要成就大事，就要重视细节。有时候人们的失败，不是因为能力不够，也不是因为时机不成熟，在一切条件都完备的情况下，导致失败的原因往往就在于一个不经意的细节。

天下难事必作于易，天下大事必作于细。要想成就一番事业，就要先从细处做起。在成功者看来，无论什么事，都是由细节构成的。在通往成功的道路上，起关键作用的也是细节。

小林从上海的一所名牌大学毕业后，顺利进入了一家香港猎头公司。外语方面的优势加上聪明伶俐的表现，使小林很快赢得了老板的赏识，她也因此获得了参与很多重要项目的机会。

一次，公司与一家跨国IT公司商谈一个项目。初步洽谈后，对方要求小林所在的公司提供一份详细的项目计划书。老板把这个任务交给了小林。因为是大客户，公司上下都十分重视。小林也不敢怠慢，花了不少工夫，一连好几天加班加点。当她把全英文的计划书交给老板时，自信自己又交了一份满意的答卷。

过了几天，小林被老板叫进了办公室。只见老板一脸阴沉，小林知道肯定是计划书出了问题。她不禁有点纳闷，计划书的内容自己仔仔细细检查过很多遍，应该不会有问题啊。老板打开计划书，指着目录那一页问，为什么不把索引对齐？索引的页码字体为什么有的是粗体，有的却不是？他又往后翻，指出每个页面上存在的排版上的小毛病。老板花了近半个小时给小林上了一堂如何熟练使用Word的课，最后，老板说了一句让小林印象深刻的话："越是细节之处，越能看出一个人的职业素养。客户要是看到我们在细节上都疏漏不断，还会信任公司所提供的服务吗？"

我们如果探讨成功人士的成功之道，会很容易地发现，他们之所以取得了比较大的成就，最主要的就是把注重细节贯彻始终。一个人的价值不是以数量而是以他的深度来衡量的，成功者的共同特点就是能够抓住生活中的一些细节。很多在常人看来微不足道的事情，在成功者的眼中，却埋藏着巨大的机会。而如果不注意细节，很可能会给自己带来不同程度的障碍。

一位企业家在非洲建了一所女子学院，在那里女孩子们能受到良好的英文教育，还能学习怎么自立。企业家需要一个负责人，于是，董事会给企业家推荐了一位年轻女士。

经过考察，董事会各成员对这位年轻女士的学识、修养和完美的风度大加赞扬，认为她是这一职位的最佳人选，于是，那位企业家感到自己很幸运，他立刻就邀请这位女士来见自己。

百闻不如一见，这位女士名副其实地具备所有需要的素质，然而企业家却莫名其妙地拒绝给她任何机会。很久以后，当有朋友问起，为什么拒绝雇用如此能干的一个人时，企业家回答说："那是因为一个小细节。那位女士来我这儿时，穿着昂贵的时装，戴的手套却肮脏又破烂，这种女人不适合做任何女孩的老师。"

那位应聘者或许永远都不知道她落选的原因，因为无论从任何方面来讲她都非常适合这个工作，然而她忽视了衣着的细节，所以错过了工作的机会。

很多时候，由于对细节的疏忽，就造成了很多本不该有的损失。所以说成功看似偶然，其实却孕育着必然。要想获得成功，就要修炼自己在细节上的功夫。只有注意了细节，才会有成功的可能。

细节源于态度，细节体现素质

细节总是容易为人所忽视，所以细节往往最能反映一个人的真实状态，也最能表现一个人的修养。展现完美的自我是需要靠细节来体现的，有时一心渴望成功，成功却了无踪影。踏踏实实，认真做好每个细节，成功往往不期而至。

每个人都渴望成功，而成功却不是每个人都能得到的。根据调查，多数成功的人都信奉这样一句名言："成功源于细节，细节决定成功"。在他们看来，成功有时其实很简单，需要的只是对细节的关注。注重了细节，成功往往就在一瞬间。

有这样一个故事。

有两个女大学生去应聘秘书的职位，她们都是学校的优秀学生。

第一个女生在面试后，轻轻地关上门走了出来。第二个女生面试时，正巧办公室的电话铃响了，主考官就让这个女生去代接。女大学生很高兴，以为自己被录用是无疑了，她拿起电话就说："喂！你找谁？"接完电话后，主考官告诉这个女生没被录取。女大学生很是疑惑，就询问原因。

主考官解释说："响铃时接电话容易损坏电话机，缩短电话机的寿命；响铃一次就接电话，容易断线接不通；接电话时，第一句话应说'您'以示礼貌，这些都是秘书应该具备的常识。"听了这番话，女大学生怏怏地离开了。后来第一个女生接到了录取通知，主考官解释说，这个女生没有像其他面试的应聘者一样忘了关门。其实，这两方面都是主考官安排的内容。

细节真的是很重要，不要忘了，好多时候我们都是因为在细节上疏忽才失败的。

很多人都在问这样一个问题，那就是成功者与失败者的差距有多大。其实，在那些成功者看来，成功并没有什么神秘的，很多事情，大家都能做，但是之所以最后产生的效果出现差距，大多数时候就是因为做事时对细节的态度。要想取得不一般的成绩，就要学会在细节上下工夫。

拿工作来说，有时候老板或者其他员工需要出差，便会安排人去买车票，这看似很简单的一件事，也可以反映出不同的人对工作的不同态度以及工作的能力。

有两位秘书，一位将车票买来后，就一大把地交上去，不仅杂乱无章，而且极容易丢失。而另一位秘书却将车票装进一个大信封，并且在信封上写明车次和开车时间等相关信息。从这里我们可以看出，第二位秘书是个细心人，虽然她只是在信封上写了几个字，但是却让人很省力。这种细节看起来不起眼，却反映了一个人的做事态度。态度决定方法，而方法又决定做事的效率，可见，重视细节的确会让人进步。

工作细节不容忽视。由注意细节的人做出的工作一定能抓住人心，哪怕在当时没有引起人们的注意，但当这种工作态度形成习惯后，一定会给自已带来巨大的收益。这种细心的工作态度，是由对工作的重视态度而产生的，哪怕面对再小的事情，也不会掉以轻心。

成败只差一点点

有人觉得成功与失败之间有着不可逾越的鸿沟，其实，成功与失败是由同一点出发的两条射线。起初，只是相距一点点。每走一步，就分开一点。当它们远离起点时，已经遥远地望不到彼此了。

一位成功者说，成功和失败没有本质的区别。有时看起来成败似乎相距很远，但事实上，二者之间的距离就在于点滴之间。说到底这是个细节的问题，很多不经意的细节不会被人注意，但只要有所关注并及时采取行动，那得到的结果就是截然不同了。

2003 年 2 月，美国“哥伦比亚号”航天飞机完成了在太空中的科学实验任务，开始返回地球。就在人们为它的归来欢呼的时候，惨剧在一瞬间发生：飞机因左翼受到某种损伤，致使机体在离地面 63 千米处解体，机上的 7 名宇航员全部遇难。

通过对失事原因的调查，人们不禁叹息不已。原来，当“哥伦比亚号”升空的时候，有一片约手提箱大小，厚十五厘米、重 1.5 千克的泡沫塑料块从外部燃料箱上脱落，撞击到左机翼前缘的根部附近。

当时，地面的测控人员其实已经看到了这一情况，但却没有引起足够的重视。涂在机体上的脆弱的耐热材料因泡沫塑料块的撞击，使机翼前缘的铝合金在返回大气层时暴露在高热空气中迅速熔化，形成了一个大洞，从而改变了航天飞机的空气动力学性能。在当时飞行速度高达每秒数千米的情况下，机体的解体也就很自然了。

悲剧的原因竟在于不起眼的细节。仔细想想，如果把这些细节注意到了，也许就能避免很多本不该发生的意外。

同样的道理落实到每个人的身上也是一样适用的。有时大家的起点都是一样的，但最终取得的成绩却差异巨大，究其原因不难发现，细节在其中起着多么不可忽视的作用。

有两个乡下人，一同来到一座大城市谋生，两人都选择了卖菜，并且在一个市场，摊儿挨着摊儿。虽说都是卖菜，可几年之后，却卖出了天壤之别：一个成了资本雄厚的蔬菜批菜商，另一个却因生活无着落，只能回到乡下。

成与败，说起来好像十分遥远，但事实上，往往就只差那么一点点。就拿两个卖菜的人而言：

成功者每天卖菜，都要拿出一点时间把发黄的叶子和烂根去掉，把菜弄得水灵灵的；失败者却从来没有理会过这一点；

成功者每天总是把菜尽量洗得干干净净后，再运到市场上；失败者却说自己是卖菜的，没必要洗菜；

成功者每天总是把菜摊儿收拾得规规矩矩，把菜码放得整整齐齐，让人看着就舒服；失败者只把菜往地上一堆，爱怎样就怎样；

成功者每天要多卖半小时，尽量全部卖出；失败者认为无所谓，今天卖不动，还有明天……

就是这些细微的差异，天长日久，两个乡下人，一个在城里站住了脚，一个只好回到乡下。

由此可见，细节上的差别，结果会带来成功与失败的巨大反差。

总之，细节是一种习惯，是一种积累，也是一种眼光，一种智慧，只有坚持这样的工作标准，你才能注意到问题的细节，你才能为工作达到预期的目标而思考细节，你才能够战胜自己，打败对方。只有注重细节，你才能有更多、更大的收获。

忽视细节，也就失去机会

成功者的共同特点，就是能做小事情，能够抓住每一个小细节。很多事情已经证明了细节决定成败这个至深的道理。

事业上的成败在于每个人的态度，工作是否单调乏味，往往取决于我们对待它时的心境。每一件事都值得我们去做，而且应该用心去做，因为只有用心才能见微知著，才能注意到很多容易被忽视的细节。

约翰是一家知名汽车生产公司的总工程师。一次，他所在的公司扩大了与日本一家生产高档轿车公司的合作。他作为公司的代表与日方谈判，为他们提供轿车及附件。如果谈得顺利，公司将获得巨大的经济效益。

约翰只有40多岁，却已是知名的汽车专家，日方显得非常慎重，派出年轻有为、处事谨慎的副总裁冈田先生前来迎接。

迎宾车就停在机场的大厅外。约翰办完通关手续，与冈田一行见面。宾主寒暄几句后，冈田亲自为约翰打开车门，示意请他入座。

约翰刚一落座，便随手“砰”地关上车门，声音特别响，冈田甚至看见整个车身都微微颤了一下。冈田不禁愣了一下，不知道是旅途的劳累使约翰先生情绪不佳，还是繁复的通关手续让他心烦。

一路上，冈田一行显得十分热情友好，甚至到了殷勤的程度。迎宾车停在株式会社大厦前的停车坪，冈田快速下车，小跑着绕过车后，要为约翰开车门。但约翰却已打开车门下车，又随手“砰”地关上车门。这一次，比在机场上车时关得还要响，似乎用的力还要重得多。冈田又愣了一下。

谈判会谈安排在第三天。在接下来的两天里，冈田极尽地主之谊，全程陪同约翰游览东京的名胜古迹和繁华街景，参观公司的生产基地。约翰显得兴致极高，但回到下榻酒店时，他关上车门时又是重重地“砰”的一下。

冈田不禁皱了一下眉。沉吟了片刻，他终于一边向约翰鞠躬，一边小心地问道：“约翰先生，不知道敝社的安排有什么不妥，敝人的接待有什么不周。如果有，还望先生海涵。”约翰显然没什么不满意的：“冈田先生把什么都考虑得非常细致周到，谢谢。”说这话时，约翰是满脸的真诚，冈田却显得若有所思……

第三天到了，接约翰的车停在株式会社的大楼前，他下车后，又是一个重重的“砰”。冈田暗暗地咬了咬牙，暗中向手下的人吩咐了几句后，丢下约翰，径直向董事长办公室走去。约翰感到有些莫名其妙。

在董事长办公室里，冈田语气严肃地说：“董事长先生，我建议取消与这家公司的合作谈判！至少应该推迟。”

董事长不解地问：“为什么？约定的谈判时间就要到了，这样随意取消，显得我们很没有诚意。再说，我们也没有推迟或取消谈判的理由啊。”冈田坚决地说：“我对这家公司缺乏信心，看来我们株式会社前不久对该公司的考察只是走了过场。”总裁便问道：“何以见得？”

冈田说：“这几天我一直陪着约翰总工程师。我发现他多次重重地关上车门，刚开始我还以为是他在发什么脾气呢，后来才发现这是他的习惯，这说明他关车门一直如此。约翰先生是这家知名汽车公司的高层人员，平时坐的一定是他们公司生产的好车。他重重关上车门习惯的养成，是因为他们生产的轿车车门用上一段时间后就不容易关牢，容易出现质量问题。好车尚且如此，一般的车辆就可想而知了……我们把轿车和附件给他们生产，成本或许会降低不少，但这不等于在砸我们自己的牌子吗？请董事长三思……”

一个关车门的动作，可谓微不足道，相信不管是在生活中还是在工作中，都没有人会注意它，但恰恰是这种在别人眼里微不足道的小事被冈田抓到了，并通过进一步的细致分析，揭示了这一习惯性动作背后可能隐藏的深层问题，从而帮助公司避免了可能遭受的重大损失。

从这个例子中我们不难看出，成功和失败的差别就在于那一点的细节，如同99℃的水虽然也很热，但是只有100℃的水才可以质变成为另外一种形态——水蒸气。当你的对手都做到99分的时候，只要你多努力1分，把细节做完美，那么胜利就一定是属于你的了。也许只有这1分细节的提升，注定了你前99分的努力都是有价值的，最后的成功也终将属于你。

把小事做细，把细事做透

成功是一种习惯。成功者认为并不是非得要干一件惊天动地的大事才能获得成功，从小事做起，而且坚定不移，乐此不疲，直到让做好小事成为你良好的习惯，你便具备了成功者的品质。

成功的人大都相信这样一个道理：“成功是把许多小事做好所得到的报偿。”的确，成功，人人都向往，但成功却不属于每一个人。小事，人人会做，但小事并不是所有的人都能坚持去做，还有人会因为事情太小而不愿意去做或者抱有一种轻视的态度。

事实上，所有的成功者都是这样一种姿态，面对生活中的简单的小事，他们做得更细、更坚持，因为他们从不认为他们所做的事是简单的小事。他们相信，做好小事，就能成就大事。

王永庆早年因家贫读不起书，只好去做买卖。16岁的王永庆从老家来到嘉义开一家米店。那时，小小的嘉义已有米店近30家，竞争非常激烈。当时仅有200元资金的王永庆，只能在一条偏僻的巷子里承租一个很小的铺面。他的米店开办最晚，规模最小，更谈不上知名度了，可以说没有任何优势。在新开张的那段日子里，生意冷冷清清，门可罗雀。

刚开始，王永庆曾背着米挨家挨户去推销，一天下来，人不仅累得够呛，效果也不太好。在当时，很少有人会买一个小商贩上门推销的米。为了打开销路，王永庆决定从每一粒米上打开突破口。那时候的台湾，农民还处在手工作业状态，由于稻谷收割与加工的技术落后，很多小石子之类的杂物很容易掺杂在米里。人们在做饭之前，都要淘好几次米，很不方便。但大家都已见怪不怪，习以为常。

王永庆却从这司空见惯的现象中找到了切入点。他和两个弟弟一齐动手，一点一点地将夹杂在米里的沙石之类的杂物捡出来，然后再卖。一时间，小镇上的主妇们都说王永庆卖的米质量好，省去了很多的麻烦。这样，一传十,十传百，米店的生意日渐红火起来。

王永庆并没有就此满足，他还要在米上下大工夫。那时候，顾客都是上门买米，自己运送回家。这对年轻人来说不算什么，但对一些上了年纪的人来说，就是一个大大的不便了。而年轻人又无暇顾及家务，因此买米的顾客以老年人居多。王永庆注意到这一细节，于是主动送米上门。这一方便顾客的服务措施同样大受欢迎。当时还没有“送货上门”一说，增加这一服务项目等于是一项创举。

王永庆送米，并不是送到顾客家门口就了事，还要将米倒进米缸里。如果米缸里还有陈米，他就将旧米倒出来，把米缸擦干净，再把新米倒进去，然后将旧米放回上层，这样，陈米就不至于因存放过久而变质。王永庆这一细致的服务令顾客深受感动，从而赢得了很多的回头客。

如果给新顾客送米，王永庆就细心地记下这户人家米缸的容量，并且问明家里有多少人吃饭，有几个大人、几个小孩，每人饭量如何，据此估计该户人家下次买米的大概时间，并记在本子上。到时候，不等顾客上门，他就主动将相应数量的米送到客户家里。

王永庆细致、务实的服务，使嘉义人都知道在米市马路尽头的巷子里，有一个卖好米并送货上门的王永庆。有了知名度后，王永庆的生意更加红火起来。这样，经过一年多的资金积累和客户积累，王永庆便自己办了个碾米厂，在最繁华热闹的临街处租了一处比原来大好几倍的房子，临街做铺面，里间做碾米厂。

就这样，王永庆从小小的米店生意开始了他的事业。

王永庆成功的例子说明，不要以为成功就非得轰轰烈烈、惊天动地。把一粒米这样细小的工作做好就已经为成功做了最好的诠释。

一个人若想做大事，就必须从小事做起。自然界中的万事万物都不是一蹴而就的，如果我们能从生活中一点一滴的小事做起，我们便会发现成功并非难事。

勿以事小而不为

有的人为了成功，脚踏实地，勤奋努力；有的人则认为要成功，就应该做轰轰烈烈的大事。其实，一个人的成功不在于他干多大的事，而在于他能否结合实际，踏实地做好每一件小事，把自己的能力发挥到极致。

所谓“千里之行，始于足下”，是说一个人要建功立业，需要从一件件平平常常、实实在在的小事做起。那种视善小而不为，认为做小事是不值得的，眼高手低的人，要成就伟业一定很难。成功者的意见是，一个有志有为的人，必须自觉地从身边的小事做起，只有把小事做好，才有成大事的可能。

有这样一个人，在13岁那年因为家境贫穷，背井离乡到了澳门，到父亲的一个好朋友开的金铺去做小工。他几乎每天都是第一个到公司，扫地、擦灰尘、倒痰盂、洗厕所……他的工作琐碎而辛苦，但他把每一项工作都做得一丝不苟。他总是在开店之前将地板拖得亮如明镜，将柜台擦拭得一尘不染，从不因为卑贱而懈怠，也从不因为脏累而抱怨。员工们纷纷表示，他到来之后是金铺卫生最好的时期。因为厕所被他打扫得过于干净的缘故吧，一天，一名没有吃早餐的员工躲到厕所里偷吃零食被金铺老板发现，老板并没有处罚那名偷吃零食的员工，而是将做小工的他叫到办公室，问他为什么对金铺最低级的小工工作能如此认真、用心。他的脸涨得通红，嗫嚅了半天才说道：“如果连小工都做不好的话，其他工作一定也做不好。”

老板笑了笑，让他出去了。此后，他仍旧每天尽职尽责地对待着自己的工作，并在业余时间帮助大工们打下手。渐渐地，他对金铺的其他工作也熟悉起来。

三年后，老实勤恳又上进的他被提升为金店主管，老板在解释提升他的原因时说道：“一个能够认认真真将厕所都打扫得可以让人躲进去吃零食的小工，做任何事情都会认真负责。”

这个人就是香港新世界集团的创始人、香港富豪郑裕彤。有媒体采访郑裕彤，询问他成功的要诀时，他微笑着说道："做一名最出色的小工。"的确，做好了小工的人，就有机会做好整个人生。

成功源于对小事的积累，做好小事是获得成功的基础。小事其实并不小，它往往蕴涵着成功的契机。

西方文艺复兴时期的伟大画家达·芬奇，他的名作《最后的晚餐》至今享誉世界。可是，《最后的晚餐》是怎么画出来的，大概就很少有人知道了。事实上，达芬·奇前半生一直际遇坎坷，怀才不遇，30岁时他投奔到米兰的一位公爵的门下，希望能给自己创造一些人生机会。但他去了几年一直默默无闻，也没有什么重要的事情做，他的画也没有得到公爵的赏识。但是他自己一直没有丧失信心，他始终在自己简陋的画室里执著地画着。

不久，公爵来找他，让他去给圣玛丽亚修道院的一个饭厅画装饰画。这是一件无足轻重的活计，一个普通的三流画家就可以完成，而且似乎也没有必要在一个饭厅的墙壁上下真工夫。但是，达·芬奇却不这样认为，他从来也没有敷衍了事地画过一幅画，即使是习作。达·芬奇倾尽了自己所有的才华，日夜站在脚手架上作画。

一个月以后，饭厅的装饰画画完了，很有鉴赏力的公爵立刻意识到这是不可多得的杰作。他立刻找来米兰的那些大画家，请他们看看达·芬奇的这幅作品。结果，所有前来的画家无不对画作杰出的构思和大胆的用色而惊奇。

世界上不朽的名画《最后的晚餐》就这样诞生了，名不见经传的圣玛丽亚修道院因此而声誉鹊起，从来也没有什么名气的达·芬奇也因此名垂青史。

西方有一句格言说：时间和耐心能够把桑叶变成云霞般的彩锦。我们中的很多人之所以一事无成，是因为我们总是把那些发生在身边的日常细微小事看得无足轻重，总以为在未来的某一天会有一件惊天动地的大事等待着自己去完成，而事实上，那样的大事仅仅局限于极个别的人和极个别的时刻。对于绝大多数人而言，那样的机会是没有的。在我们的生活中，时刻发生着的，都是那些很不起眼的小事情，正是这些微不足道的小事情构成了我们的人生。

人生中的小事情，不仅会使你的人生丰富而精彩，还会在某一个不经意的时刻，使你走向伟大和崇高。

细节也是竞争力

成功者普遍认为，伟大源于细节的积累。细节是一种态度，也能看出一个人的负责精神。在竞争激烈的今天，要想让自己走在他人的前面，除了需要不懈的努力，更不能忽视了细节的力量。

人们都在追求成功，而成功的获得决不只是看才高八斗、学富几车，它同样需要细节的支持。细节看似微不足道，然而没有细节又无法证明你的过人之处。我们常说于细微之处见精神，只有对每个细节做到一丝不苟，才会有成功的可能。今天我们处在竞争激烈的时代，而所谓竞争，归根结底就是素质的竞争，换句话讲就是细节的竞争。

在美国，有这样一个人，他的父亲只是一名贫穷的油漆工，仅仅靠着微薄的打工收入供他念完高中。这一年，他被耶鲁大学录取，但是，却因为缴纳不起大学昂贵的学费而面临着失学的危险。于是，他决定利用假期，像父亲一样外出做油漆工，以便挣够学费。他到处揽活儿，一天终于接到了一栋大房子的油漆任务。尽管主人是个很挑剔的人，不过他给的价钱不低，不但能够缴清这一学期的学费，甚至连生活费也都有了着落。

这天，眼看着即将完工了。他将拆下来的橱门板放好，准备最后再刷一遍油漆。橱门板刷好后，再支起来晾干即可。但就在这时，门铃突然响了，他赶忙去开门，不想却被一把扫帚给绊倒了，绊倒了的扫帚又碰倒了一块橱门板，而这块橱门板又正好倒在了昨天刚刚粉刷好的一面雪白的墙壁上，墙上立即出现了一道清晰可见的漆印。于是，他立即动手把这条漆印用刀刮掉，又调了些涂料补上。等一切被风吹干后，他左看右看，总觉得新补上的涂料色调和原来的墙壁不一样。想到那个挑剔的主人，为了那即将得到的酬劳，他觉得应该将这面墙再重新粉刷一遍。

终于，他认认真真地把活儿做完了，可没想到的是，第二天一进门，他又发现昨天新刷的墙壁与相邻的墙壁之间的颜色出现了一些色差，而且越是细看越明显。最后，他决定将所有的墙壁再次重刷……

最后，就连那个挑剔的主人也对他的工作很满意，付足了他的酬劳。

后来，屋主的女儿不知怎么知道了事情的原委，便将事情告诉了她的父亲。她父亲知道后很是感动，在女儿的要求下，同意资助他上完大学。大学毕业后，这个年轻人不但娶了这个屋主的女儿为妻，而且还走进了这个人所拥有的公司。十多年以后，他成了这家公司的董事长。他就是沃尔玛零售超市的创始人——萨姆·沃尔顿。

有人说，当代社会的竞争从某种程度上来说就是细节的竞争。因为细节影响品质，细节显示差异，细节体现品位，细节决定成败。在这个讲求精细化的时代，细节往往能反映出一个人的专业水准，突出体现其内在素质。从某种角度来说，细节也是竞争力的体现。

曾经，在纽约有两家地理位置都很好，且规模相当，又同时开业的星级宾馆。经过一年的运营，甲宾馆赢利 500 多万元，乙宾馆仅赢利 100 多万元。

究其原因人们发现，原来，甲宾馆经过仔细观察，注意到凡是来宾馆入住的旅客，由于长途跋涉，风尘仆仆，鞋上大都落满灰尘。于是，他们就在大厅里装了一台自动擦鞋机，免费为顾客擦鞋。

同时他们还发现另外一个问题，那就是有些旅客由于入住时间短，所以，换下的脏衣服常常来不及洗就塞进包里带回去了，有的虽然洗了，到第二天又往往干不了，湿漉漉的很难收拾。发现这个细节以后，他们又立即购买了一台大型洗衣机和烘干设备，在宾馆开设了一间洗衣房，由专人负责免费为顾客洗衣、烘干。

甲宾馆在进行这两项人性化的细节服务中，虽然增加了不少固定成本的投入和服务成本的耗费，但却大大赢得了顾客的美誉和信任度。所以，甲宾馆年度顾客回头率和客房入住率两项指标都远远地超过了乙宾馆。

可见，从事任何工作都必须从简单的事情做起，从细微之处入手。生活的一切原本都是由细节构成的，细节的竞争才是最终和最高的竞争层面。注重了细节的力量，才能收获成功。

注意细节的人，才是成功的人

一切伟大的成就都是细节的积累，成功源于细节说的就是这个道理。一件细小的事可以成全一个人，也可以毁掉一个人。毫不夸张地说，注重细节，才有可能成功。

俗话说，千里之堤，溃于蚁穴。有时让我们功败垂成的往往不是强大的敌人，而是被人们忽视的细节。有时候我们从一个微小的细节就能整理出整件事情的脉络，而一般来说，一个人的成败往往就取决于某件被忽视的小事。

拿职场来说，一些看上去芝麻大的细节，往往会被人们所忽视。其实，在竞争日益激烈的现代职场中，在很多情况下，就是这些不起眼的细节决定着人们的成败，如果不注意，就有可能与成功擦肩而过。

瑞斯从大学毕业后，就职于某跨国公司。由于他在工作方面做得十分出色，很得老板的器重，于是，老板有意培养他，决定让他去美国培训一年，回来后再委以重任。

在出发的前几天，老板来到瑞斯的办公室，偶然发现瑞斯竟将掉在地上的废纸踢向一边，而不是捡起来扔进垃圾桶里。这举手之劳的事他都不做，老板觉得很有问题。后来，老板便有心留意瑞斯的日常举动。结果发现，瑞斯每天不但不擦桌子，还把杯子、办公用品等到处乱放，从不按规定摆放。更出奇的是，有时他竟然随地吐痰。

渐渐的，老板认为，一个连最基本的细节都不注意的员工，怎么会成为一名出色的管理人员呢？又怎么可能对企业认真负责呢？于是，老板便取消了瑞斯的培训计划，以后也没有再重用他。

细节其实是对个人素质的最有效的考察，有时候，正是细节显示出的奇特效果，才让人在激烈的竞争中显示出了自己的优秀之处，才能在迈向成功的路上更顺利。

一家有名的大公司在媒体上刊登了一则招聘广告，要招聘一名办公室文员。因为该公司发展前景良好，待遇优厚，因此吸引了大批的求职者。

应聘当天，闻讯前来应聘的约有100余人，公司人力资源部长准备用笔试筛选一部分人再作决定，然而总经理却拒绝了如此烦琐的招聘手续，他吩咐人力资源部长让每一个人到他的办公室作现场应聘。

应聘者们不是夹着厚厚的简历表，就是怀抱一摞证书，甚至还有人怀揣着公司上层领导的朋友的介绍信。

然而，总经理面对前来的应聘者，每出去一人，他都朝人力资源部长摇摇头。在总经理感到失望之时，一个貌不惊人但衣着整洁的男孩被人力资源部长叫进来。人力资源部长面对男孩的两手空空，不仅替男孩惋惜——怎么准备得这么不充分，至少也该有份简历呀。

只见男孩走到总经理的办公室门前，礼貌地敲了三下门，待里面传出“进来”，他才轻轻推开门，立于门前，认真地蹭掉脚上的泥土，然后进门并随手关上门。没等走近总经理的办公桌，男孩发现地上有本书，便很自然地拾起放到办公桌上。总经理和男孩简单地交谈了几句，这时有人敲门说是找总经理，门一开，一位残疾老人蹒跚而入，男孩连忙起身搀扶老人，并且给他让座。男孩所做的一切毫无造作，呈现在别人面前的是善良和体贴。

当男孩走出办公室，人力资源部长进来预备请示总经理再传下一人时，总经理微笑着冲他点点头说：“就是刚才的这个男孩被我选中了！”人力资源部长惊奇地问道：“刚才那男孩？他既没有一本证书，也没有受任何人的推荐，甚至连最基本的简历都没有。”

“你错了，”总经理对人力资源部长说，“其实他带来了内容丰富的简历，而且是这些人中最优秀的简历！”人力资源部长迷惑了，不知道男孩是总经理的亲属还是他们之间有特殊的关系。

总经理继续微笑着说：“男孩的言行是他最优秀的简历，他轻敲三声门，说明他懂礼节，做事小心仔细；他在门口蹭掉鞋上带的泥土，说明他注重细节；当看到那位我有意安排的残疾老人进门时，他立即上前搀扶，而且让座、沏茶，表明他善良、体贴、热情。其他所有的人都从我故意放在地板上的那本书上迈过去，而男孩俯身捡起那本书，并放回桌上，他的动作是那么自然、镇静。

“他和我近距离交流时，回答干脆果断，头发梳得整整齐齐、指甲修得干干净净……难道这些细节不是男孩最优秀的简历吗？我认为他的言行就是他最好的简历！”听了总经理的话，人力资源部长心悦诚服地笑了。

当我们一次次遭遇人生的应聘失败时，与其抱怨所带去的学历证书不够高、获奖证书不够多或找的关系不够硬，甚至暗骂招聘人太苛刻无情时，不如静下心来反思一下，自己是否向招聘人亮出了最优秀的简历表——自己的修养、情操、细节、人品、言行……很多时候，我们不是输在学历、才华上，而是输在自己言行的细节上。成功的人大都注重细节，谁都不能例外。

于细微处见机会

生活中充满了细节，有人因为看不到这些细节便失去了诸多成功的机会，所以要想成功，就要在瞬间抓住那些关乎成败的细节。注重细节的人，不仅能够认真地对待工作，而且注重在做事的细节中找到机会，从而使自己走上成功之路。

许多人所做的工作都只是一些琐碎的事、具体的事、单调的事，它们也许是鸡毛蒜皮，也许过于平淡，但这就是工作，这就是生活，这就是成就大事不可缺少的基础。因此不管是做人还是做事，都要注重细节，从小事做起。

日本狮王牙刷公司的员工加藤信三就是一个非常好的例子。

有一次，加藤信三为了赶去上班，刷牙时急急忙忙，结果牙龈出血，他为此非常恼火。

到了公司，加藤信三为了把心思集中到工作上，便强迫自己把心头的怒气平息下去。他和几个要好的伙伴提及此事，并相约一同设法解决刷牙容易伤及牙龈的问题。

他们想了很多解决刷牙造成牙龈出血的办法，比如，刷牙前先用热水把牙刷泡软，多用些牙膏，把牙刷毛改为柔软的狸毛，放慢刷牙速度等，但效果都不太理想。后来，他们进一步仔细检查牙刷毛，在放大镜下，发现刷毛顶端并不是圆形的，而是四方形的。加藤信三想："把它改成圆形的也许就行了！"于是他们着手改进牙刷。

经过实验取得成效后，加藤信三正式向公司提出了改变牙刷毛形状的建议，公司领导看后，也觉得这是一个非常好的建议，于是要求工人把全部牙刷毛的顶端改成了圆形。改进后的狮王牌牙刷在广告媒介的作用下，销路极好，销量直线上升，最后占到了全国同类产品的40%左右。加藤信三也由普通职员晋升为课长，十几年后成为公司的董事长。

牙刷不好用，在我们看来都是司空见惯的小事，因此很少有人想办法去解决这个问题，机遇也就从身边溜走了。而加藤信三不仅发现了这个小问题，而且对小问题进行了细致的分析，从而使自己和所在的公司都取得了成功。

从这件事中我们也可以看出，要成功，就要善于从细节中发现机会。从细节着手，用心思考，踏实做事，就很容易得到成功的青睐。

一个年轻人去应聘临时职员，工作任务是为这家公司采购物品。在一番测试后，只剩下这个年轻人和另外两个优胜者。

面试的最后一道题是笔答题。题目是：假定公司派你到某工厂采购2000支铅笔，你需要从公司带多少钱？

第一名应试者给出的答案是120美元。招聘官问他是怎么计算的。他说，采购2000支铅笔大概需要100美元，其他杂用就算20美元吧。招聘官对此没有表态。

第二名应聘者给出的答案是110美元。他解释道，2000支铅笔需要100美元左右，另外可能需要10美元左右。招聘官同样没表态。

最后轮到这位年轻人。招聘官拿起他的答卷，见上面写的是111.8美元。见到如此精确的数字，招聘官不觉有些惊奇，立即让应试者解释一下答案。

这位年轻人说：“铅笔每支5美分，2000支是100美元。从公司到这个工厂，乘汽车来回票价是4.8美元，从工厂到汽车站为半英里，请搬运工人须用1.5美元，午餐大概要5.5美元。因此，总费用为111.8美元。”

招聘官听完，欣慰地笑了。这名年轻人自然被录用了。

这位年轻人就是后来成为美国人际关系学专家的戴尔·卡耐基。

其实仔细想想，生活就是由一些小得不能再小的事情构成的。一个不愿做小事的人，是不可能成功的。我们都知道这样一句话：天下难事，必做于易；天下大事，必做于细。要想比别人更优秀，只有在每一件小事上多下工夫。要想获得成功，重视细节是必不可少的。

第十章

惜时篇

时间是衡量事业的标准

培根说过："时间是衡量事业的标准。"我们在赞叹成功者的成就时，实际上是使用了时间这个尺度。在伟人们有限的一生中，做出了超越常人的贡献，这就是他们的伟大之所在。

时间是成功者前进的阶梯。任何人要想成就一番事业，都不可能一蹴而就，都必须踩着时间的阶梯一级一级攀登。

时间是成功者胜利的筹码。在工作和生活中，利用好时间是非常重要的，一天的时间如果不好好规划一下，就会白白浪费掉，时间就会消失得无影无踪，我们也就会一无所成。

经验表明，成功与失败的界限就在于怎样正确地分配时间，怎样安排时间。人们往往认为，几分钟、几小时没什么用，但实际上它们的作用是很大的，时间的这种差别非常微妙，也许这几分钟和几小时的差异要过几十年才看得出来。但有时这种差别又非常明显，发明电话机的贝尔就是一个明显的例子。在贝尔研制电话机的同时，有一个叫格雷的人也在进行这项试验，两个人几乎同时获得了突破，但是贝尔到达专利局的时间比格雷早了两个小时，而就是这两个小时的差异，使贝尔名扬世界。

一般来说，凡是在工作中表现出色、在事业上有所成就的人，都懂得珍惜时间的道理，因为只有这样，才能在同样的时间里比别人做更多的事情，从而取得更多的成绩。

麻省理工学院曾经对一些经理人做了调查研究，结果发现，凡是业绩优秀的经理人都能非常合理地利用时间，把时间消耗降到最低的限度。

一位成功人士在介绍自己的成功经验时说："时间是挤出来的，它给每个人每天都是 24 小时，如果你不善于挤，就会和许多平庸的职业人士一样，忙忙碌碌却又只是庸庸碌碌地度过一生。”

如果一个人不懂得巧妙地利用时间，在工作中漠视时间，他在事业上也就不可能有什么作为，更谈不上成功了。

狄克是一家广告公司的业务员，他每天要做的工作就是拜访客户，寻找广告业务。有一天，他找到一家有合作意向的公司，并且和公司的经理约好了第二天上午九点面谈。

第二天，当狄克赶到那家公司时，比约定的时间晚了一刻钟，那位经理已经离开了。于是他开始埋怨经理不守信用，故意捉弄他。狄克给那位经理打电话询问此事，说：“经理先生，我九点钟来的时候您已经走了。”经理在电话那边笑了笑，说：“是吗？可我的秘书告诉我你是九点一刻才到那里的，而我们约定的时间是九点整。”

狄克有些脸红，问道：“那您就不能等我 15 分钟吗？”

“你要知道，准时赴约是一件很重要的事情，你不能准时赴约意味着你已经放弃了与我们公司的业务。15 分钟的时间我可以安排其他更重要的谈判项目，没必要和一位不守时的人进行合作。”经理严肃地说道。

人们不能掌握自己的命运，却可以规划自己的时间，管理好自己每一天的行为，而所有这一切累积在一起，就构成了一个人的命运。这样看来，每个人都是自己人生之戏的编剧、导演和主角，我们有权利把自己的人生之戏编排得波澜壮阔、华彩四溢，也有责任把自己的人生之戏导演得扣人心弦、五彩缤纷，更有义务把自己的人生之戏演绎得与人不同、超然出众。

珍惜时间就是珍惜财富，就是珍惜自己的事业。一个人只有能够掌握好自己的时间，才能掌握好自己的人生，才能获得事业上的成功。

成功的秘密在于和时间打交道

关于时间，有人这样形容：时间，你认为它有多宽厚，它就有多宽厚，无论你怎样糟蹋它，它都不会吭声，不会生气。时间，你认为它有多忠诚，它就有多忠诚，它成全了你的雄心、你的壮志。

从某种意义上来说，成功的奥秘就在于和时间打交道。

很多人感到时间过得越来越快，而工作效率却慢下来了，这说明生命的机器已经衰老，经常打空转。还有的人感到度日如年，受到时间的煎熬，这说明生活出了问题，正在浪费生命。只有当感到自己的工作效率和时间的运转成正比、紧张而有充实感时，才说明生命正处于黄金时期。

时间是无偿赠送给生命的。获得了生命也就获得了时间，而且时间并不代表生命的价值。所以世间大多数生命并不采取和时间“竞争”、“赛跑”的态度，而是根据生存的需要，有张有弛，有紧有松。

现代人的生存方式有大同小异的规律性。关于对时间的利用问题，有这样一则调查材料：

假如一个人活了72岁，他这一生的时间是这样度过的：睡觉20年，吃饭6年，生病3年，工作14年，读书3年，体育锻炼、看戏、看电视、看电影8年，饶舌4年，打电话1年，等人3年，旅行5年，打扮5年，这是平均数。

正是通过这个平均数，我们可以看到许多问题，也能想到许多问题。每个生命都是普通的，有些基本需求是不能不满足的。普通生命要想有一个不普通的人生，或者是有意义的人生，该在哪儿节省，该在哪儿下工夫，看了这个调查材料便会一目了然。

不要指望时间是公正的。时间对珍惜它的人和不珍惜它的人是不公正的，时间对自由人和犯人也无公正可言。时间的含金量，取决于生命的质量。可以说，人对时间的感觉取决于生命的长度，生命的长度是分母，时间是分子。年纪越大，时间的值越小；年纪越小，时间的值就越大。

一位担任美国一家著名跨国企业亚洲区顾问的老人退休了，两个年轻人去拜访他。老人尽管已经年过六旬，但仍精神矍铄，思维敏捷。他广博的知识和超前的思维让年轻人自叹不如。老人还善于预测经济形势，曾经很多次把企业从可能爆发的危机中解救出来。

一个年轻人笑着请老人给他预测一下人生。老人问他想预测哪一方面的，年轻人伸出手掌给老人看，说："很多人都说我的生命线很长，可以长寿，您看呢？"

老人看了一眼年轻人的手掌，反问道："你知道构成人体组织的最小单位是什么吗？"年轻人疑惑地说："是细胞吧？"老人说："不对。细胞并不是最小的单位，它是可以再分的。生物学家已经发现，构成人体组织最小的单位是DNA，目前已经破解的DNA组合已达两亿，按照DNA的组合推算，人的寿命应该是1200岁。"

年轻人大吃一惊，不解地问："如果真是那样的话，为什么现实生活中却很少有人活到100岁呢？"

"因为生命有折损，我们每一天的日常行为都是对DNA的折损。我们说话、工作、吃饭、思维，每时每刻都在消耗着身体中的DNA，这使得我们的生命达不到生命应有的长度。"

"那就是说，如果我们什么也不做，一点儿也不消耗DNA，我们就可以活到1200岁了？"

"理论上是这样的，但在现实中是无法实现的。因为我们不可能不消耗，活着就要消耗，吃饭、睡觉这些维持生命最基本的行为就是消耗。即使我们不工作，我们也不可能不消耗。"

年轻人被这番话惊呆了。原来，维持现有的生命是以牺牲未来的生命为代价的，活到100岁的人是以牺牲掉未来的1100岁的生命为代价的。这是多么昂贵的代价！

老人仍旧侃侃而谈："所以，按照消耗掉的DNA计算，那些著名的科学家取得成就是正常的，不是因为他们特别伟大，其实我们也完全可以做到。我们没有做到，按说应该比他们消耗的DNA少许多，所以，我们应该活到200岁以上。"

“可是为什么我们并没有活那么久，甚至比他们活得更短？”年轻人更加疑惑。

“答案只有一个，那就是我们和他们消耗了同样多的DNA，甚至我们消耗的更多，但是我们并没有把我们消耗的DNA投入到有益的事业中去，而是用在了无谓的事情上，我们的生命就是这样被缩短了。”

敢于追赶时间的是勤劳刻苦的人。更多的人是享用过时间，也浪费过时间，最终被时间所征服。无数优秀的生命占据了不同的时间，使时间有了价值，这就是人类的历史。

可以说，有什么样的生命，就有什么样的时间。一个人有什么样的时间观念，就会取得什么样的成就。

拖延意味着死亡

对于大多数人来说，总喜欢把应该完成的事情往后拖，总觉得今后还有好多的时间，久而久之，就养成了拖延的习惯。也许有人觉得这没有什么，但是如果从成功学的角度来说，却是成功的大忌。

哈佛大学教授哈里克曾说："世上有93%的人都因拖延的恶习而最终一事无成，这都是因为拖延能够杀伤人的积极性。"

我们都知道成功人士的优秀品质有很多，而做事绝不拖延肯定是其最重要的品质之一。因为拖延从表面上看，仅是耽误了做一些事情的时间，但是长此以往，这却是一个能严重影响人进步的坏习惯。

很多人可能觉得拖延一会儿没有什么，但就是这一会儿可能就给你的生活带来了意想不到的变化。要知道，绝大多数不成功的人正是因为拖延才错过了种种机遇，让自己始终停滞不前。如果不去拖延，及时采取行动，就会给自己的人生带来意想不到的转机。

几年前，莎妮是大学里艺术团的歌剧演员。那时她就向人们展现了一个美丽的梦想：大学毕业后先去欧洲旅游一年，然后要在百老汇成为一位优秀的演员。

第二天，莎妮的心理学老师找到她，尖锐地问了一句："你旅游后去百老汇跟毕业后去有什么差别？"莎妮仔细一想："是呀，赴欧旅游并不能帮我争取到百老汇的工作机会。"于是，莎妮决定一个月以后就去百老汇闯荡。这时，老师又问她："你现在去跟一个月以后去有什么不同？"于是，莎妮想准备一下下星期就出发。老师却步步紧逼："所有的生活用品在百老汇都能买到，为什么非要等到下星期动身呢？"

莎妮最后说："好，我明天就去。"老师赞许地点点头，说："我马上帮你订明天的机票。"第二天，莎妮就飞赴纽约百老汇。当时，百老汇的制片人正在酝酿一部经典剧目，有来自各国的几百名演员前来应征主角。

莎妮费尽周折地从一个化妆师手里拿到了将排的剧本。在这以后的两天中，莎妮闭门苦读，悄悄演练。初试那天，莎妮以精心的准备出奇制胜，顺利地进入了百老汇，穿上了她演艺人生中的第一双红舞鞋。

凡是成功的人都能理解这句格言：拖延等于死亡。阿莫斯·劳伦斯也说过："整个事情成功的秘诀在于养成立即行动的好习惯，这样我们才会站在时代潮流的前列，而另一些人的习惯是一直拖延，直到时代超越了他们，结果就被甩到后面去了。"

很多人习惯于等待，习惯于拖延，习惯于在自己认为合适的时间做事，但是，时间是残酷的，它不会因为你的等待就多陪伴你一会儿，无论你怎样挽留，它也不会停下前进的脚步。

所以，想要早日登上成功殿堂的人，一定要根除拖延的坏习惯，一定不要将今天的事拖到明天再做。真正做到告别拖延，你会发现成功并不那么难。

每天多给自己一点时间

成功与成就往往来自科学地安排时间，因此，每个立志于成功的人都要树立正确的时间观念。要认识到今天是我们唯一能利用的时间，过去已经是一去不回，而未来只是一种观念。

成功是在时间中进行的，任何财富都是时间与行动结合后的结果。时间与成功有着密切的联系，人的才能要想得到充分的发挥，并尽快踏上成功之路，如果没有充分利用时间，提高工作效率，那只能是美好的愿望而已。

时间对每个人都是公平的，能否在有限的时间里做出成就，关键就在于对时间的利用程度。有的人每天看似忙忙碌碌，结果却还是一事无成；有的人看似优哉游哉，但做事的效率和取得的成绩就是让人刮目相看，原因就在于人们对时间的把握。

尽管每个人拥有的时间都是一样的，但如果利用得当，那就等于多给了自己很多时间，能取得不同于他人的优秀成绩。

乔治是一位成功的职场人士。当他的老同学还在为饭碗而苦苦挣扎时，他已经顺利地完成了由低级白领到高级白领再到金领的过渡。事业、金钱、美女，一样不缺，而最让人羡慕的是，他似乎并没有像有些人那样以牺牲健康和情趣为代价，而是从容淡定，自然而然就将这些成就尽收囊中了。

有人想要探得其中的奥妙，乔治说，其实挺简单，换来这份从容的，也就是半小时。

乔治说他刚参加工作时，和许多人一样，总觉得手头的事情做不完，业余爱好也丢了，人疲乏得要命，到头来还没什么成绩。后来有一天，做了一辈子管理工作的父亲对他说："你能不能试一试，每天早出门半个小时？"他看了父亲一眼，对父亲的

把生命的每一天当作最后一天

关于时间，有位名人这样说："认识你的时间，是每个人只要肯做就能做到的，这是一个人走向成功的必由之路。"事实上，如果能正确地认识并利用时间，那成功的机会将大大增加。

对于每个人来说，每天都拥有同样的时间，而如何利用就成了最关键的问题。对时间的利用程度不同，所得到的结果也会完全不一样，取得的成绩也是千差万别。

对于有志于成功的人来说，对时间的最好态度就是把生命的每一天当成最后一天来过，这样，你就有了紧迫感，就有了压力，也就有了前进的动力，也就能更快更好地实现自己的目标。

美国公路自行车赛职业车手兰斯·阿姆斯特朗在他的自传《生命的呐喊》中这样写道："你活的每一天，都应把它当作是你生命中的最后一天去度过。这句俗语确实是个不错的忠告，但它并不奏效。就拿我来说吧，我曾经尝试过，而我的体会是：如果我只是追求快乐，仅为眼前而活着，那我将是一个差劲的丈夫和父亲，一个永远幼稚无能的庸俗之辈。是癌症使我认识到这一点，我懂得了，如同无法实现的愿望和意外的惊喜一样，遭受痛苦对于美好的人生同样是必要的。

"在患癌症之前，无论我设想幸福是什么，都会很快厌倦，或认为它是想当然的，或干脆丢到一边。一个公文包，一辆高级小轿车，一个咖啡机，这些东西对我来说很重要。可是后来我失去了它们，包括我的头发。"

一个癌症患者，在即将失去生命的时候，没有悲观抱怨，而是积极振作，在生命最后的日子里不懈奋斗，最后又成了一名冠军。他的故事不只是传奇的经历，更带给人们一种思考，思考该如何面对生活，面对时光的流逝。

如果把每一天都当成最后一天来过，我们就会更珍惜每一分每一秒，力争在有限的时间内做出更多的事情，同时也会发现生活中充满了值得自己为之奋斗的目标。这样，我们就能在平凡的生活中体会到更深层的意义，并激励自己为之努力。

总之，要想取得成就，就要抓紧每一天，每一分钟，把每一天都当作最后一天来过。该做的事情抓紧去做，不要给生命留下太多遗憾。只有这样，才能表现更优秀的自我，才能更快地获得成功。

合理安排时间，就等于节约时间

虽说时间是上帝赋予我们的资本，给每个人的都是一样多，但成功的使者却是挑剔的，他只让那些能合理有效利用时间的人拥有它，而对于浪费时间的人，哪怕他再有才干，也不会得到成功的青睐。

谁都知道时间就是财富，就是生命。谁都知道要合理安排时间，但落实到行动上，那就很难如人所愿了。

在生活中，我们经常能听到类似下面的说法：

“天哪，时间过得真快”“我可能一天需要 48 小时，才能把工作做完”“我的时间总是不够”“时间对我来说过得特别快”“这件事不急，我可以留到明天做”“真是抱歉，我延迟了一点”、“我忘记时间了嘛，这总可以了吧”……

不要忘了，别人拥有的时间既不比你多也不比你少，成功人士一天拥有的小时数，跟我们都一样，每个人每天都有 24 小时，一年平均 365 天，所以你在 24 小时里拥有 1440 分钟。当你明白这个道理时，问题就不是你有多少时间可以用来做事情，而是你该如何运用时间。将时间比作金钱，一旦你把 1440 分钟花完了，那它会就此逝去，再不回来。所以，昨天就像是一张作废的支票，而明天则是一张待兑现的期票，也就是即将到来的时间。所以，成功与否就看你如何安排正在拥有的这 1440 分钟。

可以说，安排好了时间，就会在通往成功的路上走得更顺。而很多人都在抱怨自己的时间不够用，这其实是因为他们没有利用好时间。那么，该如何有效地安排时间，让自己在有限的时间内做更多的事情呢？一般来说，有以下几点需要注意：

首先要做到抓住重点。在一位企业老总的办公室门上，挂着这样的标语：不要把问题带给我，要把答案带给我。在很多成功者看来，做事最主要的是远离琐碎，抓住重点。也就是说，一次只做一件事情，一个时期只有一个重点。这样才能有的放矢，在纷繁复杂的事情上理清头绪，从容地做好每件事。

其次是要遵循二八原则。对于这个原则大家也许都不是很陌生了。它强调的是要把精力集中在最出成绩的地方，要用投入的20%的精力获得80%的回报，这才是合算的做法。

有这样一位销售人员，他在做销售的第一个月里只挣到了150美元。而他自己认为付出的辛苦并不算少，为什么只收到这么少的回报，他实在是想不明白。

后来，在同事的建议下，他仔细分析了自己的销售图表，发现他的80%的收益来自20%的客户，但他却对所有的客户都花费了同样的时间。于是，他要求把自己负责的36个客户重新分派给了其他的销售员，而他则把精力集中到最有希望的客户上。过了一个月，他发现自己的销售业绩提高了五倍。

第三就是要做到做事条理化。有条理的工作方式可以减少重复，大大提高工作效率。工作无序，没有条理，必然会浪费时间。工作有条理，既是最容易的事情，也是最困难的事情，它要求我们把自己的工作任务清楚地写出来，还要全面合理地安排好自己的工作。

另外，除了我们前面所说的这三点外，还要注意一点就是学会控制住你的“中间”时间。假如你的一天是个箱子，那么每一件要做的事情就是一个个的保龄球。要把它们装进箱子，就需要占用一定的空间。当装满之后，你虽然没有办法将另外的球放到这个箱子里，但是却可以把许多小球塞到这些大球之间的空隙里。

拿工作来说，你可能无法承担一项额外的主要任务，但是你却可以通过利用大任务之间的零碎时间来完成那些小的、琐碎的但又比较重要的事情。这些零碎的时间看起来并不起眼，但是如果加在一起，就会显示出庞大的力量。

总之，合理安排好时间，你就会觉得自己的时间很充裕，做事效率很高，反之拥有再多的时间也不够用。要想早日获得成功，学会利用时间其实是不可缺少的要素。

第十一章

逆境篇

成功总在辛苦后

一般来说，成功就是艰辛之后的产物，就像风雨之后的阳光会更加温暖和美丽，艰苦之后的成功才是最宝贵和难求的。

从某种程度上说，人生就是一个追求的过程。有的人追求名和利，有的人追求心灵的安宁。当我们的目标与现实比较接近的时候，通常就容易获得成功，相反就容易遇到挫折。

于是，追求就有了两种结果，得到了想要的东西，除了说明努力的方向是对的之外，可能还有那么一点点幸运；如果错失了，那也是很正常的事，我们不可能事事都顺心如意，这个时候假如再自怨自艾、垂头丧气就太不合算了，等于是双倍的损失，这样做的结果只会离成功的目标越来越远。

面对没有实现的理想，最要紧的还是分析一下失败的原因在哪里，这样就可以避免重蹈覆辙，因为从挫折中学习到的东西往往是最真切的，也最容易牢记于心，这样就减少了再次失败的机会。

所以说，失败有的时候也未必就是真的失败，它可能就是我们接近目标的必经之路。从长远的角度来看，每个人都会经历这样的过程，不同的是我们对待它的态度，看看那些成功人士的奋斗史，无不是经历了失败之后才抵达自己的目的地，一帆风顺式的成功几乎是不存在的。

有这样一个人，1962 年出生于法国南部的一个小镇。从 7 岁那年开始，一种叫“成骨发育不全”的疾病改变了他的一生。一直到成年，他的身高也不足 1.1 米，手足无力，生活无法自理，形同一个废人。

13 岁那年，一个偶然的机会，父亲发现他对音乐有着浓厚的兴趣，就试着让他参加剧团的演出。当时的剧团，正需要一名像他这样的丑角演配角。剧团里有位小号演奏家叫布鲁内，在跟他合作几次之后，发现他在钢琴弹奏方面有着特殊的悟性，就把他推荐给打击乐演奏家洛马诺重点培养。在两位音乐家的帮助下，15 岁那年，他推出了个人的第一张专辑《闪光》，优美的旋律加上残疾人的身份，一举轰动了法国音乐界。

在音乐的陶醉下，他忘记了肉体的不便与痛苦。他的钢琴越弹越好，名气越来越大。从 1987 年开始，不到 10 年时间，他的足迹遍及纽约、伦敦、米兰、东京、巴黎等城市，成为名噪一时的世界级钢琴大家，他的名字叫米歇尔·贝楚齐亚尼。

有人问起贝楚齐亚尼成功的秘诀，他说了这样一句话："我是一个不幸的人，但幸运的是，我把握了命运给我的第二次机会。"

对这个"第二次机会"，贝楚齐亚尼是这样解释的："观众们第一次来看我演出，只是出于对我外表的好奇。如果不能用音乐征服他们，他们就不会再来看我的演出了。只有音乐，与众不同的音乐，才能让他们记住我，才能给我改变命运的第二次机会。"

为了把握好这个"第二次机会"，贝楚齐亚尼付出了常人难以想象的努力：每天，他拖着残疾的躯体，在钢琴旁一坐就是 8 个多小时。他的左手严重变形，手掌、手腕向内倾斜，视力、听力都不健全，行动极为不便。即使在这样的情况下，他仍是几十年如一日地坚持练习。成名之后，他每年的演出超过 180 场，但每天 8 小时的练琴习惯也从未间断过。

贝楚齐亚尼只度过了短暂的 36 年，然而，他的毅力、他的精神、他把握命运的第二次机会，足以让他成为世界音乐史上的一座不朽的丰碑。

在现实生活中，我们有时付出了巨大的努力，未必就能有所收获，而要想获得成功，则必须经历艰难的探索过程并为之付出巨大的努力，否则收获就无从谈起，明白了这样的因果关系，我们就懂得了不懈的努力是获得回报的必要条件。

没有人能够不经磨难而轻易地找到成功之路，当你获得了一定程度上的成功时，必然会发出无限的感慨，古人所说的"一分耕耘，一分收获"就是对这个过程的精辟总结和概括。喜悦中包含着数不清的汗水和辛劳，可以说成功之路也是辛勤之路，是与磨难较量的过程，这样的成功才会让人懂得它的来之不易，也会更加珍惜努力的结果。

如果说梦想不是建立在辛勤努力的基础上，那就永远只是个梦想而已，不管它有多么美丽和诱人。如果没有艰辛和努力，我们就得不到成功，没有真正的付出，成功永远都不会实现。

生活的路需要我们自己一步一步去走，这个世界上没有人能为我们铺就一条金光大道，一切都要靠我们自己的努力。一份高超的谋生技能和一颗坚韧不拔的心是成功不可缺少的基础，但更重要的是当遇到挫折和打击之后不气馁的信念。如果失败了一次就失去了前进的意志，那成功就永远不会与我们相伴。

失败没什么了不起

英国小说家、剧作家柯鲁德·史密斯曾经这样说："对我们来说，最大的荣幸就是每个人都失败过，而且每当我们跌倒时都能爬起来。"因为，失败根本没什么了不起，经历了失败，才能体会到真正意义上的成功。

"失败乃成功之母。"相信你不会对这句话感到陌生。所有渴望成功的人，都必须随时做好失败的准备。不付出代价的成功是不可能存在的，你要想有所收获就必须要有勇气，这种勇气，就是如何坦然面对失败的勇气。失败其实没什么了不起，因为只有在失败中，你才能真正学到本领。

有这样一个故事：

有一个步行的人，因为路不平而摔了一跤，他爬了起来，可是没走几步，一不小心又摔了一跤，于是他便趴在地上不再起来了。有人问他："你怎么不爬起来继续走呢？"他说："既然爬起来还会跌倒，我干吗还要起来，不如这样趴着，就不会再摔了。"

这样的人，你一定认为他是一个可笑的人，因为他被摔怕了，所以不敢再起来继续往前走，因而他也就永远无法到达他的目的地。

有人说，人生 99% 都是失败，只有能够利用失败的人，才能获得成功。如果你想做一份新的工作，你最好准备用 50% 的时间去面对失败，因此，如果你害怕失败的话，那就绝对不可能向新的工作发出挑战，就算是挑战了也必然会失败。问题的关键在于你能否利用失败，能否在失败中有所收获。

在美国，有一名收藏家名叫诺曼·沃特。他看到众多收藏家为收购名贵物品而不惜千金，于是灵机一动：为什么不收藏一些劣画呢？于是，他开始收购两种劣画：一种是名家的"失常之作"，另一种是价格低于五美元的无名人士的画。没多久，他便收藏了二百多幅劣画。

1974 年，他在报纸上登出广告，声称要举办首届劣画大展，目的是让年轻人在比较中学会鉴别，从而发现好画与名画的真正价值。

沃特的广告广为流传，成为人们茶余饭后的一个热门话题。人们争先恐后地前来参观，有的甚至从外地赶来。结果，画展举办得非常成功。

可以肯定地说，没有人喜欢失败。因为，失败大多是一些令人痛苦的经历，甚至是让你的人生受到重创的体验。然而，一生中从未尝过失败滋味的人，估计是不存在的。不管你有多伟大，多么不同凡响，只要你是一个人，只要你是一步一步地走着你的人生之路，那么你就或多或少地经历过失败，只不过是轻重程度不同而已。

当然，你也可以不承认这一点，你完全可以说自己从未失败过，因为你的人生之路非常顺畅，你从未遭受过任何打击与失败。但是，你要明白，如果你真的认为自己没有经历过失败，那么可以肯定地说，你的人生毫无意义，你的所谓的成功也只是一种虚幻，因为，没有经历过失败的人生是枯燥的，是缺乏真实意义的。

诚然，一般人都讳言失败，甚至有些人更是谈失败而色变，其实，失败并不可耻，真正可耻的，是不承认自己有过失败经历的人。因为在人生的旅途上，失败是正常的，不失败才是不正常的，重要的是你如何面对失败，是否能够反败为胜。如果你因为一时的失败便一蹶不振，那么可以说，不是失败打垮了你，而是你那颗失败的心把你自己打倒了。

你要知道，失败对于一个人来说，是一种非常重要的财富，如何利用这种失败的财富，将成为决定你的未来的关键。

失败是金钱和时间的试验剂，如果不能充分利用这个试验剂的话，那么你就无法变为成功者。无论遭受到什么样的失败，只要你跌倒后又能马上爬起来，那么跌倒的教训就会成为有益的经验，帮助你取得未来的成功。

没有绝望的处境，只有对处境绝望的人

失败，是抵达成功的阶梯。查尔斯在《失败的力量》一书中写道："真正有成就的人，善于从失败中学习。当你懂得运用失败的力量时，就可以拥有成功的人生。"

很多人都想获得成功，很多人都幻想不经过丝毫的挫折和失败而获得成功，然而世事难料，失败有时犹如黑夜来临一样，不可抗拒。面对失败，弱者的选择是逃避。因为弱者害怕再次失败，失败对于他们而言，是枚令人望而生畏的苦果，永远也不敢再次品尝。面对失败，勇者的选择是承受。

在我国西部，有这样一个人，他从小就有从大学中文系到职业作家的绚丽的人生规划，然而，命运和他开了一个玩笑。

1955 年，他的哥哥要考师范学校了，但是，父亲靠卖树的微薄收入根本无法供兄弟俩一起读书，父亲只好让年幼的他先休学一年，等哥哥考上师范学校后他再去读书。看着一向坚强的父亲如此说，他决定休学一年。

1962 年，他 20 岁时高中毕业，却在高考时名落孙山。

高考结束后，他经历了青春岁月中最痛苦的两个月。他不知所措，六神无主，记不清有多少个深夜，他从用烂木头搭成的临时床上惊叫着跌到床下。

沉默寡言的父亲开始担心儿子，问他："你知道水是怎么流出大山的吗？"他茫然地摇摇头。父亲缓缓地说道："水遇到大山，碰撞一次后，不能把它冲垮，不能越过它，就学会转弯，绕道而行，借势取径。记住，困难的旁边就是出路，是机遇，是希望。"

父亲又说："即便在流动的过程中遇见了深潭，即便暂时遇到了困难，只要我们不忘流淌，不断积蓄活水，不断奔流，就一定能够找到出口。"

一语惊醒梦中人。从 1962 年到 1992 年，他从西安郊区走到了陕西省作家协会。1992 年，他写出了大气磅礴、颇具史诗品位的《白鹿原》。

谁都想一帆风顺，但那是不现实的。生活变化无常，谁都不知道未来等待自己的是什么。无论处境是好是坏，唯一不能改变的是自己的心境。无论处在怎样的环境中，都要让自己保持积极的心态。只有这样，才能在不如意的时候让自己也有一颗上进的心。

真正的强者，从来不会畏惧任何艰难险阻，他们不屈不挠，百折不回，直到抵达胜利的彼岸。在他们看来，绝境最能锤炼和磨砺人的品格，往往正是这些绝境，才激发起他们的勇气与斗志，使他们向着理想中的目标不断地迈进。

我们要想成功，也要记住这样的道理，那就是从来都没有真正的绝境，只有对处境绝望的人。如果内心没有绝望，那就有成功的希望。

暂时的失利没什么可怕

成功的意义就是用自己的力量超越自己。暂时失利并不代表什么，只要将其踩在脚下，重新振作，很快就会抵达成功的殿堂。

在生活中，成功不可能完全按照主观意愿如约而至，但我们至少可以努力地去争取成功。失败并不可怕，可怕的是放弃对成功的追求。在暂时的失利面前，唯有心平气和，积极调整心态才是上策。

面对暂时的失利，我们除了找准原因、汲取教训、总结经验外，还必须学会创造成功的条件，做到既能在顺境中扬帆远行，也能在逆境中越挫越勇，始终都以成熟的心态等待成功的降临。

秋季开学后，科罗拉多大学法学院院长作出了这样一个决定，不再允许希尔曼回去上课了，原因是他的成绩太差。

院长说："希尔曼是个非常好的青年人，但他不可能成为一名律师。他最好去从事其他职业。我建议他留在他周末打工的那个食品杂货店里。"

希尔曼给院长去了信，申请重读，但杳无音讯。

希尔曼感到心烦意乱。在重大事情上，他还没有真正受过挫折。高中时他是个受欢迎的学生，是一个非常受人尊重的足球运动员。不费吹灰之力，他就进入了科罗拉多大学，并被该学校最负盛名的法学院正式录取。

希尔曼的父亲只有高中文化，他当了四十多年的铁路邮局办事员。但他热爱学习，同时他知道儿子很想成为一名律师。他建议希尔曼考虑一下威斯敏斯特法律学院，那里开设晚间课程。

父亲的建议切合实际，但强烈地挫伤了希尔曼的自尊心。科罗拉多大学是一扇通向法官宝座和声名显赫的律师事务所的大门，而威斯敏斯特学院则是一所穷人学校，

开来。在失败者的眼中，河水深不可测，让他们驻足河边，不敢前行，但成功者能充满信心，并以此磨练自己的身心体魄，即使面对再多的风浪，也依然能够泰然处之。

艾森豪威尔是美国第34任总统，他年轻时经常和家人一起玩纸牌游戏。

一天晚饭后，他像往常一样和家人打牌。这一次，他的运气特别不好，每次抓到的都是很差的牌。开始时他只是有些抱怨，后来，他实在是忍无可忍，便耍起了少爷脾气。

一旁的母亲看不下去了，正色道："既然要打牌，你就必须用手中的牌打下去，不管牌是好是坏。好运气是不可能都让你碰上的。"

艾森豪威尔听不进去，依然愤愤不平。母亲又说："人生就和这打牌一样，发牌的是上帝。不管你摸到的牌是好是坏，你都必须拿着，你都必须面对。你能做的，就是让浮躁的心情平静下来，然后认真对待，把自己的牌打好，力争达到最好的效果。这样打牌，这样对待人生才有意义。"

艾森豪威尔此后一直牢记母亲的话，并激励自己积极进取。就这样，他一步一个脚印地向前迈进，成为中校、盟军统帅，最后登上了美国总统的宝座。

上帝发的牌总是有好有坏，一味埋怨是没有半点用处的，也无法改变现状。印度首任总统尼赫鲁也曾说过这样一句话："生活就像是玩扑克，发到的那手牌是定了的，但你的打法却取决于自己的意志。"

在美国夏威夷基拉韦厄，有个小女孩非常喜欢冲浪。从小她就不停地在阳光明媚的夏威夷海岸与奔腾的浪潮搏击，但一场突如其来的灾难却差点夺去她的生命。

2003年秋季的一天，她和朋友一起去海湾冲浪。冲了大约半个小时后，她开始躺在冲浪板上休息，顺势把一只胳膊伸到水里玩耍。没想到在这快乐而悠闲的时刻，一条巨大的虎鲨突然从海水中蹿起，她随即感到胳膊一阵撕裂般的疼痛。当她低下头看时，身旁蔚蓝的海水早已被染成了一片血红。看着顷刻间被鲨鱼咬断的手臂，她并没有恐慌和绝望，甚至连过度的挣扎都没有，因为她一转身就会掉进海水里。她冷静地用剩下的右手努力地划向岸边，而目睹这一切的朋友也迅速用一条绳子绑住她的残肢为她止血。当她被救护车送到最近的医院时，她已经失血达70%，生命危在旦夕。

经过紧急输血抢救，小女孩终于从死亡线上挣扎回来，这无异于一场噩梦过后的重生。但刚从噩梦中醒来的她却在第一时间问医生："我什么时候能再去冲浪？"医生被她的勇气所震撼，安慰她说等手臂的伤口愈合了就可以去。

几个星期后，当她胳膊上缠绕的绷带被慢慢拆开时，长长的伤口呈现出来。她的哥哥顿时脸色惨白，妈妈几乎要晕倒，苍老的外婆独自走出病房掩面而泣。没人愿意接受这个残酷的现实，因为这一年，她才 13 岁。与家人的悲痛相比，女孩自己显得异常平静。当大家都疑惑于她的镇定时，她说了一句让所有人都震撼的话："世界上没有可以让时间倒流的机器，我无法改变现实。这就是上帝为我安排的命运，我要勇敢面对它。我期待着有一天可以重返大海。"

一个多月后，人们又在美丽的海岸上看到了她的身影。她告诉人们她还要继续冲浪，虽然人们都对她报以祝福的笑容，但大多数人都认为这是不可能的。因为冲浪是一种需要技巧和平衡的运动，一个断臂的人几乎不可能在翻卷的大浪中找到平衡点。

但事实证明她可以做到。她开始刻苦地进行恢复训练，当她再次登上冲浪板时，不一会儿就掉进了咸涩的海水里，但她马上又站起来重新登了上去……人们好心劝她停止无谓的努力，但她坚持要继续下去，她告诉人们："我的灵魂属于冲浪，我的冲浪板就是我的生命之船，而我的双臂就是一对船桨。以前我用双桨遨游大海，现在我不小心折断了一支，但幸运的是我还有一支。只要有一支桨，我就可以遨游大海。"

就这样，她一次又一次从冲浪板上摔下来，一次又一次登上去。终于，在漫长而刻苦的训练之后，她不但恢复了原来的冲浪水平，而且还在不断提高，居然成为一系列赛事的冠军。后来，她一举夺得了第 15 届美国冲浪锦标赛的冠军。不久，她加盟国家冲浪队，准备向世界冲浪冠军的宝座发起冲击。

她对生活的积极态度和顽强的拼搏精神受到了人们的敬佩和赞赏，大家都称她为"小英雄"。这个年纪不大的小女孩用坚定的口气一次又一次告诉大家："当你命运之船的一支桨不幸折断时，不要灰心和绝望，因为你还有另一支桨，你仍然可以用另一支桨遨游大海，到达成功的彼岸。"

她认为，牌是上帝发的，我们分到什么就是什么，别无选择，也不可更换。我们能够做的、应该做的，就是如何将手中的牌优化组合，并力求把每张牌打好。

别对自己说不可能

在成功者看来，世上根本就没有什么不可能的事情。任何人的身上都埋藏着巨大的潜力，哪怕你天资较差，但是只要有一颗不服输的心，只要肯为自己的理想而努力，那成功就是早晚的事。

如果一个人总是以“不可能”来禁锢自己，那么他注定难有辉煌，最终他将被成功抛弃。很多成功者的故事都告诉我们这样一个道理：即使我们真的碰到了“不可能”，但我们至少可以这样认为，不是不可能，只是暂时还没有找到解决问题的方法。

从成功者的身上，我们可以发现，他们的天资有时并不那么理想，但是他们不甘心平庸。他们用自己的实际行动告诉人们：当遇到难题或困难时，永远不要让“不可能”束缚自己的手脚，有时只要再向前迈进一步，再坚持一下，也许“不可能”就会变成“可能”。而成功者之所以能成功，就是因为他们对“不可能”多了一份不肯低头的韧劲和执著。

在澳大利亚，有这样一个传奇人物。他尽自己的所能去做自己想做的事情，开车出游、健身、游泳，到世界各地演讲，过着幸福的生活。然而，回首他的成长经历，竟是那样的令人感慨。

当父亲在医院第一眼看到刚出生的儿子时，他的心都碎了——小家伙只有可口可乐罐子那么大，腿是畸形的，躺在观察室里奄奄一息。医生断言，这孩子不可能活过 24 小时。

悲伤的父亲回去给孩子准备好小衣服、小棺材、小墓地后，回到医院发现儿子居然还活着。可医生接着又说了，孩子不可能活过一周。然而小家伙挣扎着，活过了一周、又是一周……孩子顽强地活了下来。父亲将他带回家，取名为约翰·库缇斯。

小约翰实在太小了，周围的一切对他来说都像是庞然大物。胆怯的他对任何比他大的东西都充满了恐惧。然而，家人并未因他的恐惧而多给他几分关爱，相反，父亲经常对他说："你必须自己面对一切恐惧，勇敢起来！"

时光飞逝，小约翰上学了。当他背着比他个头还大的书包、坐在轮椅上开始憧憬新生活时，他压根儿也没有想到迎接自己的却是噩梦。

学校里有很多调皮的学生，个头矮小的约翰几乎成了他们的玩偶。他们掀翻他的轮椅，弄坏他轮椅上的刹车，让他从学校走廊直接"飞"进老师的办公室，甚至把他绑在教室的吊扇上一起转动。最恶劣的一次是，几个同学用绳子绑住他的手，用胶纸封住他的嘴，把他扔进垃圾箱里，随后在垃圾箱外点了火。滚滚的浓烟令约翰窒息，他恐惧极了，瘦小的身体拼命挣扎，直到一位老师将他解救出来……

后来，约翰上了高中。在一次幻灯课上，约翰出来上厕所，可是，他在黑暗中每移动一步，都会感到钻心的疼痛。当他来到光亮处时，才发现自己的手上扎满了图钉，鲜血直流。

约翰终于无法忍受了。回到家，望着镜中的自己，想着自己一次次被折磨、被侮辱的遭遇，他放声大哭。他想到了死亡，想到了自杀，但他还是舍不得疼爱他的双亲。

1987 年，17 岁的约翰·库缇斯做了腿部的切除手术。因为那两条从来也没有派上用场的畸形的腿像尾巴一样翘起来，使行动非常不方便。就这样，约翰成了"半"个人，但行动却更加自如。

高中毕业后，约翰决定给自己找个工作。每天早晨，他趴在滑板上敲开一家又一家的店门，问店主是否愿意雇用他。可等人家开门时，根本就没有发现几乎趴在地上的约翰，就又把门关上了。

经过千百次应聘失败后，约翰终于在一家杂货铺找到了自己的第一份工作。后来他又做过销售员、技术工人，还在一个仪表公司拧过螺丝钉。他每天凌晨四点半起床，赶火车到镇上，然后爬上他的滑板，从车站赶到几公里外的工厂。

尽管生活艰辛，但是能够自食其力，约翰仍旧勇敢而快乐地生活着。从 12 岁起，约翰就开始打轮椅橄榄球。由于长期使用手部，他的手臂有着惊人的力量。他的命运其实从那时起就开始转变了。1994 年，约翰·库缇斯获得了澳大利亚残疾人网球赛的冠军；2000 年，约翰拿到澳大利亚体育机构的奖学金，并在全国健康举重比赛中排名第二——他用成绩回击了所有的嘲笑和侮辱。

在一次午餐会上，约翰应邀对自己的经历作了简短的演讲。“我一定要把最勇敢的一面呈现给观众。”演讲结束之后，他的经历和现状让现场观众热泪盈眶，并赢得了热烈的掌声。一个女生跑到台上，哭着告诉约翰，她非常不幸，正准备自杀，但是听了他的演讲后，她决定要好好地活下去。

这时，约翰忽然发现，到讲台上去，讲出自己的挣扎和拼搏的经历，给他人以启迪，真是一件非常重要的事情。于是，他开始到世界各地演讲。

约翰·库缇斯有句名言：别对自己说不可能。正是因为有了这种信念，他可以开着经过改装的汽车周游世界，可以去潜水，可以大胆地追求自己的爱情，并赢得幸福和尊敬。

约翰的故事告诉我们，人生没有不可能。一个人，只要想成功，就应该努力地去争取。树立了成功的目标，并且按照成功者的标准来要求自己、检视自己、鞭策自己，就能加快进步的速度，实现人生的成功理想。

别轻言放弃自己的追求

诗人里尔克说："有何胜利可言，坚持便是一切。"虽说渴望成功的人很多，但真正成功的人却很少。对于失败者来说，他们并不是没有机会，也不是没有资本，他们缺乏的往往是成功最需要的坚持，因此他们输掉了人生、输掉了世界。

人的一生不可能一帆风顺，多多少少总会有一些坎坷和波折。世界上之所以有强弱之分，究其原因是前者在接受命运挑战的时候说："我永远不会放弃。"后者说："算了，我承受不住。"而事实就是，只有那些坚持到底不放弃的人，才有可能品尝到成功的果实。

1883年，富有创造精神的工程师约翰·罗布林雄心勃勃地准备着手建造一座横跨曼哈顿和布鲁克林的桥。然而桥梁专家们却说这计划纯属天方夜谭，不如趁早放弃。罗布林的儿子华盛顿，是一个很有前途的工程师，他也确信这座大桥可以建成。父子俩克服了种种困难，在构思着建桥方案的同时也说服了银行家们投资该项目。

然而开工仅几个月，施工现场就发生了灾难性的事故。罗布林在事故中不幸身亡，华盛顿的大脑也严重受伤。许多人都以为这项工程会因此泡汤，因为只有罗布林父子才知道如何把这座大桥建成。

尽管华盛顿丧失了活动和说话的能力，但他的思维还同以往一样敏锐，他决心要把父子俩费了很多心血的大桥建成。

一天，他脑中忽然一闪，想出一种用他唯一一根能动的手指和别人交流的方式。他用那根手指敲击他妻子的手臂，通过这种密码方式由妻子把他的设计意图转达给仍在建桥的工程师们。整整13年，华盛顿就这样用一根手指指挥工程，直到雄伟壮观的布鲁克林大桥最终落成。

永远不说放弃是一种幸福，也是一种自豪。一个健康的人可以幸福地说："我拥有健康和快乐。"一个残疾的人可以自豪地说："我的心脏没有停止跳动，我没有放弃生活。"

的确，当你想要放弃时，不妨想想，也许希望就在不远的转弯处，如果此刻放弃，就永远看不到成功的希望。不管遇到什么困难，都要积极主动乐观，决不能沮丧泄气。

尼克是一家铁路公司的调车员，他工作相当认真，做事也很负责，不过他有一个缺点就是对人生很悲观，常以否定的眼光去看这个世界。

有一天，铁路公司的职员都赶着去给老板过生日，大家都提早走了。不巧的是，尼克不小心被关在一个待修的冰柜车里，尼克在里面拼命敲打着喊着，但是全公司的人都走了，根本没有人听到。

尼克的手掌敲得红肿，喉咙叫得沙哑，也没人理睬，最后只得颓然地坐下喘息。他越想越害怕，心想，冰柜的温度只有华氏 0 度，如果再不出去，一定会被冻死。他用发抖的手，找了纸笔来，写下遗书。

第二天早上，公司的职员陆续来上班。他们打开冰柜，发现尼克躺在里面。他们赶紧将尼克送去急救，却发现他早已没有了生命迹象。但是大家都很惊讶，因为冰柜的冷冻开关并没有启动，冰柜里也有足够的氧气，更令人纳闷的是，柜子里的温度一直是华氏 61 度，但尼克竟然给"冻"死了。其实，尼克并非死于冰柜的温度，而是死于心中的冰点。

成功人士常说，信心是一种心境，有信心的人从不会轻易消沉沮丧。其实，很多时候，影响你的意志的不是外在环境，而是你的心，假如你的心已被自己打败，此时再多的后援也是徒劳无功了。所以，别轻言放弃你所追求的人和事，永远记住，成功源于坚持。

第十二章

口才篇

口才影响你的前途

在竞争日趋激烈的今天，口才不仅成了人们日常生活的一个重要组成部分，更是人们事业成功的一个举足轻重的先决条件。从一定意义上来说，口才已经成了衡量一个人整体素质不可或缺的重要标准。

人生处处需要好口才，丘吉尔更是认为，一个人敢于站在多少人面前讲话，就代表他的人生成就有多大。

有人说，拥有好口才，如同拥有了成功的砝码，这话不无道理。通过一个人的讲话水平和风度，可以判断其学识、修养和能力。因为口才不仅仅是口上之才，更是一个人的心理素质、文化素质甚至是综合素质的体现。所以，我们有理由认为，是人才者未必有好口才，但有好口才者必定是人才。

有些人认为，只有那些辩论场上的辩手、出庭的律师、活跃于政坛的外交官以及抱着一大堆新产品到处游说的推销员才会担心口才的问题，作为一个普通人，知道一些日常用语就可以了。其实不然，在现代社会，由于经济的发展，人们交往频繁，口头表达能力的重要性日益增强，口才越来越被认为是现代人所应具有的能力之一。说话需要口才，谈判需要口才，演讲需要口才，说服别人需要口才，事业成功需要口才，从职场到情场，从社交到谈判，从演讲到辩论，口才无处不在。

中央电视台“东方时空”曾经做过一期“杨利伟怎样成为我国进入太空第一人”的节目，被采访的航天局领导说了三个原因：一是杨利伟在五年多的集训期间内，训练成绩一直名列前茅；二是杨利伟处理突发事件的能力特别强，在担任歼击机飞行员时，多次化解飞行险情；三是他的心理素质好，口头表达能力强，说话有条理、有分寸。就因为具备了以上三个优势，杨利伟最终通过了1600人—300人—14人—3人的淘汰考验，成为进入太空的候选人。

同时，航天局领导还透露了这样一个细节：在最终确定三人为首飞候选人的时候，三人在各方面都十分优秀，难分高下，只是考虑到作为我国第一个进入太空的宇航员，将要受到全世界的瞩目，接受新闻媒体的采访，还要进行巡回演讲，最后才决定让口才好的杨利伟首飞。

看到这里，我们可以知道，口才真的可以决定一个人的命运。节目中还介绍，杨利伟一直认为航天过程无小事，所以不管做什么事情，都尽自己的最大努力做好。学技术、学政治是如此，训练后的总结会、训练小结也是如此。在总结会上，杨利伟准备充分、发言积极，发言条理清晰、逻辑性强，再加上不慌不忙，因此给领导留下了深刻的印象。所以，当口头表达能力作为选择的一个重要条件时，天平就偏向了杨利伟。

戴尔·卡耐基说："假如你的口才好，可以使人家喜欢你，可以结交好的朋友，可以开辟光明的前程。譬如你是一个律师，它便吸引了一切诉讼的当事人；你是一个店主，它帮助你吸引顾客。有许多人因为善于辞令，而擢升了职位；有许多人因此而获得了荣誉，获得了厚利。你不要以为这是小节，你的一生，有一大半的影响，都来自于说话艺术。"

想要成功的人，好口才绝对是不可缺少的。古往今来，胜者多为能言善道之辈，败者则多不善言辞。口才好的人，话语中闪烁着真知灼见，给人以深邃、精辟、睿智、风趣之感，这样的人必然会成为社交场合中的佼佼者，他们事业成功的机会就相对较多。因此，每个人都有必要练习自己的口才，让自己的口才为他人所赏识，为自己的成功增加筹码。

话要说得更动听

会说话是一个人提高办事能力的必要手段。在现代社会中，人与人之间的交往不可缺少。随着社会活动的增加，人们的语言表达能力显得更加重要，因此如何说话、如何把话说得更动听已经成了一门必修课。

说话谁都会，但把话说得动听，通过说话给别人留下良好的印象，却未必是每个人的专长。可以说，恰当的话语就是一笔既普通又不普通的财富，如果我们在事业上要出人头地、要征服对方，就应该在说话的艺术上多下些工夫。

玛丽是上海一家公司的职员。她年轻干练、活泼开朗，工作没几年，很快便因能力出众而成为公司里的主力干将。几天前，公司来了新老板，他对玛丽说："玛丽，你经验丰富，能力又强，这里有个新项目，你就多费心盯一盯吧！"

受到新老板的重用，玛丽欢欣鼓舞。恰好这天要去周边城市谈判，玛丽一合计，一行好几个人，如果打车，一辆坐不下，两辆费用又太高，还是包一辆车好，经济又实惠。

主意定了，玛丽却没有直接去办。几年的职场生涯让她懂得，遇事向老板汇报一声是绝对必要的。于是，玛丽来到老板跟前。

"老板，您看，我们今天要出去，"玛丽把几种方案的利弊分析了一番，接着说："所以呢，我决定包一辆车去！"汇报完毕，玛丽发现老板的脸不知道什么时候黑了下来。他生硬地说："是吗？可是我认为这个方案不太好，你们还是买票坐长途车去吧！"玛丽愣住了，她万万没想到，一个如此合情合理的建议竟然被打了"回票"。

"没道理呀，傻瓜都能看出来我的方案是最佳的。"玛丽大惑不解。

玛丽凡事多向老板汇报的意识是很可贵的，错就错在措辞不当。因为，玛丽说的是："我决定包一辆车！"在老板面前，说"我决定如何如何"是最犯忌讳的。

如果玛丽能这样说："老板，现在我们有三个选择，各有利弊。我个人认为包车比较可行，但我做不了主，您经验丰富，帮我作个决定行吗？"老板听到这样的话，绝对会作个顺水人情，答应你的请求，这样才是比较完美的结局。

学会说话，会让听话者产生愉悦的感觉。在如今竞争激烈的社会中，如果一个人拥有会说话的能力，通常能达到事半功倍的效果，取得意想不到的成功。而不会说话的人，即使是有好的想法，却因为没有用合适的语言表达，从而会导致许多机会的丧失。

科尔斯是华盛顿一家机械公司的推销员，因工作需要，他经常出差。

有一次，他在一家招待所结账退房时，服务台小姐说："你先等一下，我们检查一下房间，看有没有东西损坏和丢失。"科尔斯感到这话有点侮辱他的人格。第二次他来到这座城市时便住进了另一家宾馆。退房时，服务台小姐说："先生，请您稍等，我们去看看房间中您是否有东西落下了。"

同样的意思，表达出来的效果却大不相同，听者感受自然也不一样，从此以后，科尔斯每次出差都住这家宾馆。

很多人性格开朗，快言快语，这其实不能算是坏事，但是有一点要记住，那就是说话一定要有分寸。把话说得动听，不仅要求你讲究说话的技巧，更要学会察言观色，在适当的时候说适当的话，否则，不仅不会达到应有的效果，还会让自己的形象大打折扣，影响自己在他人心中的印象，严重的还会阻碍自己事业的发展。

安娜是个报关员，也是个聪明的女孩。她脑子反应快、言辞犀利，还有丰富的幽默细胞，是公司的一颗"开心果"。但如此可爱的安娜，却得不到老板的青睐。

安娜工作非常努力，有时为了赶时间，一大清早就要赶到海关报关。等满身疲惫地回到办公室后，老板不仅不体谅，还不分青红皂白地说她迟到、旷工，她怎么解释都不行。安娜委屈极了，于是她向职场专家求教。专家启发她："你平时有没有在言辞上对老板不敬啊？"

这么一问，安娜想起来了，自己平时就爱与同事开玩笑，后来看老板斯斯文文，对下属总是笑眯眯的，她胆子一大，也开起了老板的玩笑。

有一天，老板穿着一身新衣服来上班，灰西装、灰衬衫、灰裤子、灰领带。安娜夸张地大叫一声："老板，今天穿新衣服了！"老板听了咧嘴一笑，还没来得及品味喜悦的感觉，安娜接着来了一句："像只灰耗子！"

又有一天，客户来找老板签字，连连夸奖老板："您的签名可真气派！"安娜恰好走进办公室，听了又是一阵坏笑："能不气派吗？我们老板可在暗地里练了三个月了。"此言一出，老板和客户顿时都陷入了尴尬。

开玩笑的确可以拉近同事间的距离，缓和人际关系，但如果开玩笑有人身攻击的成分，那就是黑色玩笑了。黑色玩笑对人际关系的破坏力很强，安娜对此却浑然不觉，这就是虽然她聪明能干却得不到重用的原因。

所以，一个想成功的人，除了要有明确的目标和坚韧的毅力外，学会说话也是不可缺少的。会说话有时会让你事半功倍，而不会说话则恰恰相反。

说话也要讲时机

说话人人都会，但说出来的效果却大大不同。会说话的人懂得掌握说话的时机，知道什么话该说什么话不该说，会根据场合的不同调整自己的说话方式。这样做才是会说话的表现，否则话说得不少，但效果却几乎为零。

要把话说得恰到好处，重要的一点是把握住说话的时机。一个具有高超说话技巧的人，应该能够很快地发现听众所感兴趣的话题，同时能够说得恰到好处，也就是说他能把对方想要听的事情，在他们想要听的时间之内，以适当的方式说出来。而不会说话的人则恰恰相反，他们不懂得说话要看时机，结果影响了做事的效果，自己还不知其所以然。

洛亚是加州一家宾馆的服务员，第一天上班时，她被分配在酒店做接待。由于刚经过 3 个月的岗前培训，她对工作充满信心，自我感觉良好，一上午的接待工作也还算顺利。

这天午后，电梯门打开，走出两位来自加拿大的客人。洛亚立刻迎上前去，微笑着说："你好先生。"看过客人的住宿证后，洛亚边接过他们的行李，边说："欢迎入住本酒店，请跟我来。"洛亚领他们走进房间后，随手为他们倒了两杯茶，说："先生请用茶。"

接着她开始一一介绍客房的设备，这时一位客人说："知道了。"但是洛亚没有什么反应，仍然继续介绍着。话还没说完，另一位客人从自己的钱包里拿出一张百元美钞，不耐烦地递给洛亚。

"不好意思，我们不收小费的。"洛亚嘴上不说，心里却想，自己是一片好意，怎么会被误解了。这使洛亚十分委屈，她说："对不起，如果您有事就叫我，我先告退。"

因势利导，才能巧妙沟通

在现代社会，沟通能力已经成了个人成功的必要条件。可以说在一个人成功的因素中75%靠沟通，25%靠天才和能力。学会沟通，很多原本艰难的事情也会变得容易。

沃尔玛的创始人沃尔顿在其自传《富甲美国》中写道："沟通再沟通，如果你必须让我将沃尔玛的体制浓缩成一个思想，那就是沟通，因为它是我们取得成功的真正关键因素。"不会沟通，那将给个人的发展带来极大的限制。

有一位财会专业的女生到一家公司应聘财会工作，财务经理对她不太满意，但人力资源经理还是给了她一次机会，安排她从事客服工作。然而，这位女生的表现实在令人失望。

她的性格过于内向，不善于沟通和交流，既不主动和同事打招呼，也不向"师傅"请教。很多时候，她不明白或者不清楚分配的任务也不会向上司发问，只是按照自己的理解去做，结果总是与上司的要求相差甚远，最终导致连这唯一的工作机会也丧失了。

当然，沟通离不开语言的表达，如何说话是一个很重要的问题。在现实生活中，有很多时候往往因为一句话，便使得你和他人的距离可远可近、和他人的关系可有可无。如果你常常因为说错话而得罪人，或者是不知道自己该说些什么、该怎么说，那么你在沟通能力上就必须有所提高才行。不论在日常生活还是在工作场所，良好的沟通都是人际关系的第一步，有了良好的沟通才有机会和他人建立起互动的关系。

要做到良好的沟通，就要注意以下几点：

首先是要三思而后言。在我们和他人进行沟通的过程中，往往会因为一句话而引起他人的不悦，所以要避免说错话才行。而最好的方法，就是根本不去说那句话。

为了避免伤害别人，在你说任何话之前，都该先想想自己想说什么、该说什么。很多人往往心直口快，根本没想到自己犀利的言辞可能对别人造成的伤害。因此说话不能不经过大脑，在说出口之前，先想想看“如果别人对我这样说，我会有什么想法”，在很多情况下，如果能多花一些时间，设身处地为他人着想，你就不会因为说错话而引起他人的不悦了。

其次是失言时立刻道歉。勇于认错是很重要的，所以一旦你发现自己的言语伤害到他人的时候，千万不要硬撑面子不肯道歉。

虽说每个人偶尔都会说错话，可是自己一定要能察觉自己说了不该说的话，然后马上设法更正。如果你确实说错话了，就必须立刻道歉，勇于承认错误，不要编一大堆借口，这样反而会越描越黑。

然后，要学会和别人沟通，不要和别人比赛。有的人在和他人交谈时，总是把它看成是一种竞赛，一定要分出个高下。如果你经常在他人的话里寻找漏洞，常为某些细节争论不休或经常纠正他人的错误，借以炫耀自己的知识渊博、伶牙俐齿，那就一定会给人留下极其不好的印象。

这些人往往忽略了沟通的技巧，因为他们把交谈当成了辩论，而不是彼此交换信息、想法与感觉的过程。所以，为了与他人有更好的沟通，这种竞赛式的谈话方式必须被舍弃，这样，当你在表达意见时，别人就比较容易接受，而不会产生排斥感。

美国一家著名的儿童用品公司总裁莫奈尔先生有一次想在加拿大某州开办一个分公司，以促销自己的产品，扩大销售市场，拓展销售领域，开辟新渠道。

在他物色分公司经理、寻求合作伙伴时，他便采用了以理服人的方法，并顺利开设了一个分公司。

当时，在加拿大某州有一家规模并不是很大的儿童用品公司，莫奈尔先生了解到这种情况后，很想直接把这家公司合并过来，加入自己的总公司，并以分公司的身份继续在该地生产经营。

这家公司的总经理是纳德克先生。在谈判、协商此事之初，纳德克并不同意莫奈尔提出的计划。纳德克认为："在这里，我这家公司已经占领了大部分市场，赢利也可以，我又何必非要并入贵公司而受贵公司的调遣呢？"

莫奈尔先生则说："纳德克先生，我想问您，您开办公司的目的是什么？"

纳德克的回答很直接很坦白："赢利。"

莫奈尔点点头，继续说："那么您看，如果您能把您的公司与我的公司合并，而算做分公司的话，首先，可以利用我们公司原有的声誉和规模为您的公司赢得更多的客户。其次，作为分公司，可以得到总公司的资金扩大规模，使您的公司扩大经营范围，同时也增强了对风险的抵抗能力。第三，您还可以利用其他分公司销售您原有的特色产品，而这些方面无疑会给您带来滚滚红利。经理先生，希望您能重新考虑我们的合作意向。"

纳德克陷入沉思，最后终于答应与莫奈尔合作。

此外，还要挑对说话的时机。这句话的意思是说，在你要表达意见之前，必须先确定对方已经准备好，愿意听你说话。否则你只会白浪费力气，对牛弹琴，白白错过了让别人接受你意见的大好机会。

还要注意的是，沟通要做到对事不对人。举例来说，如果你有朋友很难缠，老是让你很生气，或者有些人就是爱抱怨、办事拖拖拉拉、又老爱编一大堆借口……如果你的朋友有这些行为，并且已经威胁到你们之间的友谊，你就有权开口提醒他。此时最重要的是，你必须指明自己讨厌他的哪些行为，而不是一味地想改变他的个性。

最关键的一点是，沟通要学会换位思考。换位思考其实就是"理解"别人的想法、感受，从对方的立场来看事情。它在人际沟通上是非常重要的，因为如果不了解对方的立场、感受及想法，我们就无法正确地思考与回应。

总之，当今社会的发展，需要人与人之间建立合作的关系，追求双赢。学会沟通、相互配合，是高效、高质量达成目标的关键所在，同时也是把握成功的要素之一。沟通是相互理解的桥梁，把握了沟通的技巧，也就把握了成功。

拒绝也需要技巧

在日常的人际交往中，热情地帮助别人，对别人的困难有求必应，这是应该的。但是一定要量力而行，如果遇到做不到的事情，就要学会拒绝。

“拒绝”是一种艺术，当别人有求于你而你却办不到时，你就不得不拒绝对方。有时候，你求别人一件事，对方不肯，往往最令你难堪的不是事情没办成，而是自己遭到拒绝，丢了面子。别人求你一件事，你不好意思拒绝，主要原因也往往是怕伤了人家的自尊。

因为，拒绝是让人很难堪的，当不得已要拒绝的时候，我们不妨使用一些拒绝的策略。掌握了拒绝的策略，既可减少许多心理上的紧张和压力，又可使自己表现出人格的独立性，也不至于使自己在人际交往中陷于被动。

历史上很多成功的领导人都精通拒绝的艺术，在说“不”的同时，还能给足对方面子。19 世纪的英国首相迪斯累里就是一例。

有个野心勃勃的军官一再请求迪斯累里加封他为男爵。首相知道此人才能超群，也很想跟他搞好关系。但军官不够加封条件，迪斯累里无法满足他的要求。

一天，首相把军官单独请到办公室里，对他说：“亲爱的朋友，很抱歉我不能给你男爵的封号，但我可以给你一件更好的东西。”迪斯累里放低声音说，“我会告诉所有人，我曾多次请你接受男爵的封号，但都被你拒绝了。”

这个消息一传出，众人都称赞军官谦虚无私、淡泊名利，对他的礼遇和尊敬远超过任何一位男爵。军官由衷地感激迪斯累里，后来成了他最忠实的伙伴和军事后盾。

很多时候，面对他人的求助，如果我们直截了当地说“不”，会使寻求帮助的人感到失望和尴尬，一个合乎对方期望的回答，即便是拒绝，也能让对方很容易接受。

当遇到敏感的问题或难作出承诺的要求时，首先应向对方诚恳地表示尊重、理解和同情；其次，绝对不要焦躁，要沉着冷静。对无理的要求或挑衅的问题，既可采取主动出击的攻势，也可采取以防卫为主的守势。

对于合情合理但目前还无法做到的要求，可以“拒此应彼”。就是在拒绝对方这个要求的同时，为了补偿他，减少他的遗憾和失望，可以真诚地为对方着想，提供一些意见，建议他改变方法，另作其他的打算。

如果对方是你的上级、长辈，与其让他一再催促你作出答复，不如你主动登门拜访说明原因，委婉拒绝，以免有失礼貌。如果对方是你的下级、晚辈，即使所提的问题不便回答，所提的要求不合理，也不宜当众耻笑、训斥，而应耐心解释或暗示拒绝的原因。如果对方对拒绝的理由仍存疑惑，还想纠缠你，那不妨再加上一些“证据”，让你拒绝他的理由更有可信度。

当然，你在拒绝的时候应该给对方以希望。对于一时还不能解决的合理的要求，不妨如实告诉对方，经过努力，等一切的条件都具备了，问题自然就会迎刃而解。事情若是经由他自己的努力便可以达成的，那你的拒绝也许会变成他进步的动力。

但是，如果事情受许多客观条件的限制，并不是他个人的努力所能改变的，那你也应该给他多点希望和鼓励，使对方感到这件事虽然无法完成，但工作还是有意义的，从而发现你乐于助人的“侠义心肠”。

如果是实在不能接受的要求，那就必须做到不迁就、不犹豫，及时拒绝，言辞绝不含糊。切忌模棱两可，使对方产生误解，仍抱有不切实际的幻想，但是应注意，口气要委婉。

比如，某报社的推销员登门拜访，请求你订阅他们发行的报纸，可你不想订阅，你可以很有礼貌地说：“谢谢。你们的服务很周到，可是我已经订阅了其他几家报社的报纸了，真是不好意思。”

总之，在拒绝时，应采用灵活多变的委婉方法，才能做到拒“事”不拒“人”。既表达了自己的愿望，又将对方失望与不快的情绪控制在最小范围内，不影响彼此之间的关系。

掌握好赞美的火候

可以说，赞美是一种“感化”别人的有效办法。人们都喜欢听到别人的称赞，因为赞美是一件好事，但它绝不是一件易事。赞美别人时如不审时度势，不掌握一定的赞美技巧，即使你是真诚的，也会变好事为坏事。

美国的《幸福》杂志曾作过这样的调查，他们通过对美国500位年薪在50万美元以上的企业高管和300名政界人士进行调查后发现，其中有近35%的人认为人际关系畅通是事业成功的最关键因素，其中最核心的就是学会赞美别人。有人说，在这个世界上，赞美是唯一没有风险的高回报投资。

长期以来，我们一直有一个偏见，就是将那些善于说赞美话的人一律称之为“马屁精”，好像这些人的水准多么低下。其实，这是对人际关系的一种误解。仔细观察就会发现，周围的人或多或少都在说着赞美别人的话，只不过表达方式有所不同而已。在人际关系日益复杂的今天，多说赞美话不仅不是坏事，而且是好事。

因为，人总是喜欢被别人赞美的。有时，即使明知对方讲的是赞美话，心中还是免不了会沾沾自喜，这是人性的弱点。换句话说，一个人受到别人的夸赞，绝不会觉得厌恶，除非对方说得太离谱了。

在这个社会中，会说赞美话的人，似乎人际关系都处理得较好。当一个人听到别人的赞美话时，心中总是非常高兴，脸上堆满笑容，口里连说：“哪里，我没那么好，你真是很会讲话！”即使事后冷静地回想，明知对方所讲的是赞美话，却还是抹不去心中的那份喜悦。

图书推销员比恩路过一家店铺时，看见一个年轻人正坐在里面看着一本叫《穷爸爸，富爸爸》的书。比恩走进去说：“噢，你也在看这本当今市面上最畅销的书呀，我也很爱看这本书。”

“这本书写得太棒了，简直就是一本大学教材，社会大学的教材。我没有上过大学，但我个人认为，社会大学通常要比课本上学到的东西多得多。”

“对，你说得很对，这本书里面的富爸爸提倡的就是这种观念。一个人具备什么样的心态和智慧，决定了他有什么水平的认识。从刚才你说出来的话我可以判断出来，你对这本书不光是读一读那么简单，应该研究得很彻底了吧？”

“哈哈，我这个人天生不爱上学，就爱看看课外书。”

“但是，你具备读书的天赋呀，可能你身边有一些长辈，比如你的老师或者父母，观念可能一时跟不上，没有赞同你，但我感觉你很会运用知识。你看，你这么年轻就开了一家如此精致的店，以后，你的店面一定还会不断扩大的。而且，如果你能结合你所在的领域，融入这本书的观念去做事，你一定会很了不起的。”

听了比恩对他的赞美后，年轻人话兴大增，不由得眉飞色舞起来，大讲自己的理想和人生计划。当然，最后他也接受了比恩介绍的好几套与成功、理财相关的书籍。

赞美别人首要的条件，是要有一份诚挚的心意及认真的态度。言辞会反映一个人的心理，因而有口无心或是轻率的说话态度，很容易被对方识破从而产生不快的感觉。再者，要赞美别人时，也不可讲出与事实相差十万八千里的话。例如，你看到一个流着鼻涕而且表情呆滞的小孩时，你对他的母亲说：“你的小孩看起来好像很聪明。”对方的感受会如何呢，本来是赞美的话，却变成了很大的讽刺，得到了相反的效果。如果你说“哦！你的小孩很乖”，这样也许就好多了。

所以，赞美别人时要真诚，这样，你所说的赞美话，会超过一般赞美话的效果，成为真正夸赞别人的话，听在对方耳中，感受自然和一般的赞美话不同。

一般来说，赞美的原则有以下几个方面：首先是赞美必须要真诚，这是赞美的先决条件。只有名副其实、发自内心的赞美，才能显示出它的光辉和魅力。言不由衷的赞美无疑是一种谄媚，最终会被人识破，只能招来他人的厌恶和唾弃。

其次，赞美要适时。当你发现对方有值得赞美的地方时，就要及时大胆地赞美，千万不要错过机会。

最后还要注意的一点就是，赞美要适度。赞美的尺度掌握得如何往往直接影响赞美的效果，只有恰如其分、点到为止的赞美才是真正的赞美。所以赞美之言不能滥用，赞美一旦过头变成吹捧，赞美者不但不会收获交际成功的微笑，反而要吞下被置于尴尬境地的苦果。

原一平早年曾到一位年轻的公司老板那里去推销保险。进了办公室后，他便赞美年轻老板："您如此年轻，就做上了老板，真了不起呀，在我们日本是不太多见的。能请教一下，您是多大开始工作的吗？"

"17 岁。"

"17 岁！天哪，太了不起了，这个年龄时，很多人还在父母面前撒娇呢。那您是什么时候开始当老板的呢？"

"两年前。"

"呀，才做了两年的老板就已经有如此气度，一般人还真培养不出来。对了，你怎么这么早就出来工作了呢？"

"因为家里只有我和妹妹，家里穷，为了能让妹妹上学，我就出来干活儿了。"

"你妹妹也很了不起呀，你们都很了不起呀。"

就这样一问一赞，最后赞到了那位年轻老板的七大姑八大姨，越赞越远了。而且，这位老板本来已经打算购买原一平的保险的，结果也不买了。

后来，原一平才知道，原来那天自己的赞美没完没了，本来刚开始时，他听到几句赞美后，心里很舒服，可是原一平说得太多了，搞得他由原来的高兴变得不胜其烦了。

可见，赞美绝不是越多越好。因为，对人赞美毕竟不是维持人际关系的最终目的，它不过是拉近人们距离的一种手段。因此，赞美的话不能滥用，应点到为止，而后要在和谐的气氛之下，迅速转入谈话的主题，赞美只是"开场白"罢了。

如果一味赞美，把社交活动当成歌功颂德的舞台，就会适得其反。赞美一旦变成无休止的吹捧，就失去了正面意义，影响了交际的效果。

即使意见不同，也要巧妙地说

由于各人所处的地位不同，对同一事物的理解也千差万别，因而出现不同的意见是很正常的。当有了不同的意见时，如何表达就成了需要注意的问题。不要强迫他人与你的意见相同，即使意见不同，也要学会巧妙地说。

在生活中，有这样一种人，他们差不多养成了习惯，事事要与别人作对，无论别人谈论什么，即使他毫无此方面的成熟意见，也要加以反驳。你说“是”时，他一定要说“否”；你说“否”时，他又一定要说“是”。这是一种十分可怕的陋习，而且有此陋习的人还很多，他们往往因为喜欢表示和人意见不同而得罪了许多同事和朋友，而自己还一无所知。

当然，我们也不能因为怕意见不同得罪他人就不发表自己的真实见解。如果我们与人交谈，对他人的每一句话都随声附和，不说一个“不”字，也许初次相交能给人一个好的印象，但久而久之，不免会被人认为是滑头。那种到处随声附和而无主见者，也是没有人看得起的。

那么，怎样才能诚恳地表达自己的意见而又不得罪人呢？首先我们应该明白，得罪人的不一定是我们的意见本身，而可能是我们对别人提出意见的态度。如果我们细心地观察社会和人生就会发现，只要我们的方法得体，向别人表示自己的不同意见，不但不会得罪他人，而且还有可能大受欢迎。相反，如果我们在表示不同意见时，把自己的意见看做是绝对正确的，而把别人的意见视为愚蠢幼稚的，那就会很严重地伤害别人。

有的人喜欢抬杠，搭上话就针锋相对，无论别人说什么，他总要加以反驳。这种做法其实是一种极坏的习惯，即使你真的比别人见识多，也不应该以这种态度去和别人说话。这种谈话方式简直不为别人留一点余地，好像要把对方逼得无路可走才心满意足。

这种不良习惯会使你自绝于朋友和同事，没有人愿意给你提意见或建议，更不敢向你提一点忠告。你本来是一个很好的人，但是，如果不幸染上了这种习惯，朋友和同事们都会离你而去。

要想使这种情况得到改善，唯一的方法是养成尊重别人的习惯。首先你要明白，在日常谈论当中，你的意见未必都是正确的，而别人的意见也未必都是错误的。把双方的意见综合起来，你至少有一半是对的。那么，你也就没必要每次都要反驳别人。别人和你谈话，他根本没有准备请你说教，大家只是说说笑笑罢了。你若硬要拿出更好的见解，对方也绝不会乐意接受的。

恰当的做法是，当你的同事向你提出建议时，你如果不能立刻表示赞同，起码要表示可以考虑，不要马上反驳。假如你的朋友和你谈天，那你更应注意，因为太过于执拗能把有趣的谈话变得枯燥乏味。

因此，你千万要谦虚一些，随时考虑别人的意见，不要做一个固执的人，而要做让人们都觉得你是一个可以交谈的人。

当你听到别人的意见和你一样时，你要立刻表示赞同，不要以为这样做会被人认为你是随声附和，因而就不吭声了。不吭声虽然不会被人误解为随声附和，但也容易使人认为你并不同意。同样，当你听到别人的意见和你不一致时，也要立刻表示你什么地方不同意，为什么不同意，不要以为这样做会伤害彼此的感情而沉默不语。

人们的谈话经常只有一个目的，就是想知道别人对某件事的看法是否和自己相同，如果双方意见一致，你就会感到一种同情的安慰，如果发现双方的意见有差异，你会感到这是一种刺激。

我们常常看到许多人因为表示与人不同的意见而得罪了朋友，因此，有许多人总是劝人们不要表达自己的不同意见。其实，这种做法是很片面、很肤浅的，而且也是不诚实的表现。无论一个人多么爱面子，除了极愚蠢、极狂妄的人以外，几乎每一个人都喜欢拥有忠实的朋友。如果你认识一个人，对他说的每一句话都随声附和，不说一个“不”字，也许第一次见面他很喜欢你，但是，不久以后他就会觉得你是一个圆滑的人。

那么，与别人意见不合时，我们究竟该如何表态呢？首先，你要明白一个事实，只要方法得体，向别人表达自己的不同意见，有时还会受到欢迎。你必须明白，得罪人的不是你的意见，而是你对别人的态度。

你要遵守一个原则：在你表达意见的时候，要假定自己的意见也可能有错误，不要强迫别人立即同意你的意见，要给人充分的时间来考虑你的意见，而且要既不言听计从，也不固执武断。一方面坦率地说出自己真正的看法；另一方面，又诚恳地尊重别人的意见，这样才是理想的交谈方式。

我们常常看见人们谈话，谈着谈着就争执起来了。他们争论的不外是一些极其微小的事情，虽然他们的观点大体上一致，但是，他们都以为对方完全站在自己的对立面上，因此弄得大家都非常不愉快。

人们常常在听了对方的长篇大论之后，发现其中有一部分与自己的看法不同，于是立即提出异议，而对方一听这话，以为自己的意见完全被否定了，当然会不高兴。

在这样的场合，一定要记住，先说明你赞同的方面，然后再说明在某一点上你有不同的意见，这样，对方就很容易接受你的观点。

无论你的意见和对方的意见差别有多大、分歧有多么严重，只要你不表现出绝对不可商量的态度就可以了。相反，我们要表现出一切都可以商量的态度，并且使对方相信，无论有多大分歧，大家都可以得到比较一致的看法。

总之，学会巧妙地表达不同的意见，不仅能使自己的看法得到他人的认同，还会让他人对自己产生好的印象，也会更有效地促成自己的意愿。对于想成功的人来说，一定要具备这种能力。

第十三章

人际篇

学会与不同的人相处

在生活中，我们经常会碰到所谓“难以相处”的人。因为工作等诸多原因，我们要长时间和他们交往、相处和共事，在这种情况下，我们改变不了现实，唯一能做的就是要学会如何与不同的人相处。

生活是一个大舞台，无论你在上面扮演什么角色，都离不开与其他人的合作。我们所生活的社会，是一个复杂的综合体，与我们打交道的不只是与我们同一个类型的人，与我们性格不同、志趣不同的人，我们也需要与之接触、合作。

在工作中，与我们朝夕相处的也许并不是我们喜欢的人，面对他们，我们要让自己学会适应，学会沟通，而不是逃避。学会与不同类型的人相处，这才是明智的表现。

首先，你必须明确，这种困扰是你自己的问题还是由于你对别人要求过高造成的。你可试着同你周围的人交往，看看你所认为的“难以相处者”在其他人眼里是否也是这样。如果别人并没有这样的感觉，那你就要从你自己或你们两个人的关系上找原因。你要改变一下自己的态度，从客观的角度去分析、面对这一问题，这样你就会发现，事情也许并没有你想的那么糟糕。

马克是个25岁的青年，他在一家名气很大的公司工作，无论是在学历方面还是在工作能力方面，都算得上是优秀的，可是，他却总得不到公司领导的提拔和重用。因为他只专注于技术，不肯花时间琢磨人际关系。

最后，在无法忍受主管的反复无常，看不惯主管的假公济私时，他决定辞职。在准备递交辞职信时，他在楼梯间遇见一位相邻部门的经理，因为之前有过数面之缘，因此两人互相微微一笑，点头打招呼。

经理看见马克手上的辞职信，一脸的惊讶，他说：“如果你另有高就，那恭喜你。

如果是因为你们部门的主管，那你可要考虑一下。你一定要学会与不同的人相处，不然你永远都会遇见这种人，然后令你手足无措。”

这位不太熟悉的经理的一席话一下子说到了马克的心里。一个让他迷茫多日没有搞懂的问题，原来只在这简短的几句话里。

马克被震动了。之后，他撕掉了那封辞职信，重新回到工作岗位上，试着与看不惯的主管相处，虽然他仍然不认同一些违反他做人原则的事情，但他开始不去较真儿，尽量去看事情好的一面，从而和主管之间的关系也从对立变得平和。

一年后，马克因为业务突出，被总公司调去组建分公司，并担任负责人。

谈到过去的那段经历，马克说：“今天你看见我还在这家公司，那是因为我曾经遇见一位智者，他在我最彷徨的时候，告诉我一个职场真理——在职场中，要把自己变成水，可以装进任何形状的容器。”

其实，对于一个真正的难以相处者，你要学会设身处地地了解对方的处境。你不需要与他争执，更不必强迫他去做些什么，而是心平气和地询问他采取这种方式对待别人的原因。在这种情况下，即使你的目的没有达到，也能在一定程度上缓和你们之间的关系。

当然，他提出的原因在你看来可能是十分荒谬的，但你也不必马上去反驳他，而是设法从他的言谈中发现某些真实的成分。这样做，能够进一步缓和你们之间的关系，使双方都觉得心情舒畅。

其实，世界上的一切事物都不是尽善尽美的，每个人在思想和性格上都会存在缺点和差异，这就要求我们对人不能过于苛刻。跟不同性格的人相处，要胸怀宽广一些，气度大一些，要提倡宽容。在与自己性格不同的人身上，要注意发现别人的长处和优点。只有这样，才会让自己的工作更协调，做事更顺利。

有一天，马歇尔接到通知，国会拨款委员会将举行听证会，研讨马歇尔的欧洲重建计划。

为了使马歇尔计划能顺利被批准，马歇尔的两位助手一起干了一个通宵又一个整天，起草了关于马歇尔计划的发言稿。他们搜集了全部事实，提出了一切必需的要求，并列举了令人信服的理由，配之以大量具有权威性的具体细节作为论据，说明这一计划可使欧洲免于浩劫同时又对美国有利的道理。然后他们兴冲冲地带着自己的若干成果回到马歇尔那里，把他们精心准备的发言稿交给了他。

马歇尔看了一遍，半天没有说话，最后他往椅背上一靠，说："我不想用这个稿子了。"

助手们大吃一惊，以为自己的稿子不符合马歇尔的要求。

马歇尔似乎看透了他们的心思，说："别误会，讲稿写得很好。可是，你们想，听证会想要听的是什么？他们想听的是我本人对这个计划的看法，而不是你们两位的看法。要是我去那里念这篇发言稿，他们会明白是你们写的。我看不带讲稿去更好些，大家以为我会先发表一篇声明，我就说，先生们，你们要我出席听证会，现在我准备回答你们的问题。于是他们就向我提问，不管到时他们会提出什么样的问题，我都要用心阅读这篇发言稿，这样才好用你们准备的各种理由来回答他们的问题，这样才会使他们满意，因为委员会真正想知道的是我本人是否了解这个计划。"

后来的事实证明了马歇尔的这种分析是正确的，计划最终获得了拨款委员会的支持，从而也给予了财政上的保证。

站在客观的立场上，不仅要考虑到自己的需要，而且还要考虑对方可能的心理变化，感受到他人的情绪。站在对方的角度看问题，不会得不到别人的理解和支持，也只有这种基于对方需求的沟通，才是有效的沟通。也只有这种考虑问题的方式，才会让事情办得顺利。

善待他人，就是成就自己

一位哲人说过，一个人把自己想象成什么，就会成为什么。同理，一个给予别人方便的人，自己也会得到别人给予的方便。善待他人，其实就是成就自己。

世界上没有成功的生意，只有成功的人。在成功人的眼里，身为社会的人，不可能游离于他人之外，所以真正的成功地既要活出自我，又要能为他人着想。没有人能拒绝和别人打交道，所以没有人能在不照顾到别人的情况下达成自己的目的。真正的智者勇于活出自己的风采，却永远不会忘记为别人多想想。

英国的威廉是一位有名的大商人。令人称奇的是，威廉创业初期的一切，竟然全是别人馈赠的。

威廉在20岁的时候，还是一个整天守在河边打鱼的年轻人，天地十分狭小，根本看不出他的将来会有什么辉煌的成就。一天，一位过河人求助于威廉，原来是过河人的一枚戒指不慎掉进了河里。过河人很着急，他请威廉不管怎样，也要到水下帮他摸一摸。

威廉一个上午什么也没干，反反复复一连扎到水下二十几次，但是依然没有找到那枚戒指。于是，威廉又找来了全村的男人帮忙。为了找到这枚戒指，全村的男人竟然又花费了半天的工夫。

过河人事先答应给威廉一英镑的打捞费，想不到威廉竟然请来了这么多人，用了这么多时间。这要多少报酬才行？过河人很犯难。谁知，威廉却一点儿都没提报酬的事，一点儿也没有计较这次打捞戒指的巨大成本。他只是想为过河人解决难题，打捞戒指，仅此而已。

不久，这位过河人又路过此地，他又碰到了威廉。这时的河里已经没有多少鱼好打了。过河人对威廉说："威廉，你别打鱼了，我给你个打气补胎的活儿，你就足以养家糊口了。"从那以后，威廉便有了一个在路边修补汽车轮胎的活儿。

有一天，一辆小车停在了威廉的小店前，车上的人要找一颗特别的螺丝钉，否则车就无法行驶。威廉翻遍了自己的小店，也没有找到这样的螺丝钉。但威廉并不甘心，他骑上自行车，在另一家修车店里，再次翻找了一遍，终于找到了一颗一样的螺丝钉。

当威廉满头大汗地返回来，并将这颗螺丝钉安在对方的车上时，对方拿出了10英镑来感谢威廉。威廉却一分不收。他说这是颗丢在箱底的螺丝钉，是不值钱的。不久，这辆小车的主人特地赶来，给了威廉一个五金店让他代理经营。威廉很是惊讶，问对方为什么。

对方告诉威廉："你是我所遇到的最诚恳、最值得信任、最无私，也是最可爱的人。"

威廉这一生总能碰到好运气，别人总是会馈赠礼物给他。后来，威廉成了英国最大的机械制造商。有人问起他的发家史，他总是说，他一生的事业，一多半都是别人赠送的。

威廉自己不知道，他之所以能得到帮助，是因为他无比的诚实和热心，对别人委托事情的认真和执著的态度以及奉献精神感动了接受过他帮助的富人，而他的这种精神和品质正是成就事业所必不可少的。

20世纪50年代初期，有个叫丹尼尔的年轻人，从美国西部一个偏僻的山村来到纽约。他走在繁华的都市街头，啃着干硬冰冷的面包，发誓一定要闯出一片属于自己的天空。

然而，对于没有什么经验和学历的丹尼尔来说，要想在这座城市里找到一份称心如意的工作，简直比登天还难，几乎所有的公司都拒绝了他的求职请求。

就在他心灰意冷之时，有一天，他接到一家日用品公司让他面试的通知。他兴冲冲地前往面试，但是面对主考官有关各种商品的性能和如何使用的提问，他吞吞吐吐，一句话也答不出来。说实话，摆在他面前的许多东西他从未接触过，有的连名字都叫不出来。

眼看唯一的机会就要失去，在转身退出主考官办公室的一刹那，丹尼尔有些不甘心地问:“请问，你们到底需要什么样的人才?”

主考官微笑着告诉他:“这很简单，我们需要能把仓库里的商品销售出去的人。”

回到住处，回味着主考官的话，丹尼尔突然有了奇妙的感想:不管哪个地方招聘，其实都是在寻找能够帮自己解决实际问题的人。既然如此，他何不主动出去，去寻找那些需要帮助的人?他想，总有一种帮助是他能够提供的。

不久，在当地的一家报纸上，登出了一则颇为奇特的启事。其中有这样一段话:……谨以我本人的人生信用作担保，如果你需要得到帮助，而且我也正好有这种能力给予帮助，我一定竭力提供最优质的服务……

让丹尼尔没有料到的是，这则并不起眼的启事登出后，他接到了许多来自不同地区的求助电话和信件。

原本只想找一份适合自己的工作的丹尼尔，这时又有了更有趣的发现:老约翰为自己的猫咪生下小猫照顾不过来而发愁，而凯茜却为自己的宝贝女儿吵着要猫咪找不到卖主而着急;北边的一所小学急需大量鲜奶，而东边的一处牧场却奶源过剩……诸如此类的事情一一呈现在他面前。

丹尼尔将这些情况分类整理，一一记录下来，然后毫不保留地告诉那些需要帮助的人。而他自己也在一家需要市场推广员的公司找到了合适的工作。不久，一些得到他帮助的人给他寄来了汇款，以表谢意。

后来，丹尼尔注册了自己的信息公司，业务越做越大，他很快就成为纽约最年轻的富翁之一。

后来，丹尼尔告诫自己的孩子:成功无定律，幸运从来不会主动光顾你，要靠自己去寻找。

其实，为他人着想并不一定要在他人必经的路边放上金子，有时候，一点很小的帮助也会成为别人越过坎坷的助力，也会成为别人成功的动力。也就是说，给别人提供帮助的同时，其实也为自己创造了最好的成功机会。

摘掉有色眼镜再看人

很多人看人看事时往往习惯于加上自己的主观想象，也就是以自己的标准去评判他人的言行，其实，这是最不明智的一种做法。因为，戴着有色眼镜看人，看到的往往并不是事情的真相，有时还会误导自己的判断。

有这样一则故事，说一位先生早就听说过美国的种种事情，一直很向往，后来出国旅行的时候就选择了美国。

一天清晨，他到公园散步，看到一些白人坐在草坪上聊天、晒太阳。他心想："美国人真是悠闲，又有钱又懂得享受生活。"

走了不久，又看到几个黑人也悠闲地坐在草坪的另一边。这位先生不禁想道："唉！黑人失业的问题还真是严重呀！大白天的就无所事事，这些人大概都在领社会救济金过生活吧！"

明明是同样的表现，看法却如此迥异。这位先生也许自己并未察觉，但是他的看法说明，他对美国人事先就抱有自己固有的看法，认为白人是富有的，黑人相对贫穷，所以，即使看到他们的表现一样，所得出的结论也会截然相反。

事实究竟怎样，我们暂且不考虑，但就这种做法来看，这是明显戴着有色眼镜看人的表现。

戴着有色眼镜看人是一种偏见，也是不准确的。因此，当我们看待一个人时，不要将先前形成的偏见强加在某人的身上，以至于迷失了自己的视线，看不到别人真实的面貌。

美国内战时期，一开始北军节节败退，作为统帅的林肯反思了自己的败因：选用人才的标准太过挑剔，不容许有任何缺点。认识了这一点后，林肯摘掉了自己的有色眼镜，大胆任命了酒鬼格兰特为将军，从而保证了北军的胜利。

因此，以一颗公正的心去看待别人，才可以真正地辨别好坏，认清真伪。

由于戴着有色眼镜看人，看到的往往是经过自己主观加工的现象，这样的所见并不准确，有时还会因为个人想法的偏差，而使事情朝着自己所料之外的方向发展。不仅得不到真实的信息，可能还会起到相反的效果。

一个士兵参加了越南战争，在打完仗回到国内前，给父母打了一个电话："爸爸，妈妈，我要回家了。但我有一个小小的请求，希望你们能够答应。"

"你说，是什么？只要不过分我们就一定答应。"父亲在电话里说道。

"是这样，我有一个战友，在越战时，我们很要好，我想把他带回家跟我们一起生活。"

"当然可以。"父亲回答道，"我们见到他会很高兴的。"

"但有件事我必须提前告诉您，就是我们在一次执行任务的时候，他不小心被地雷炸伤了。"儿子又说道。

"听到这件事我感到很遗憾，孩子，也许我们可以帮他另找一个地方住下。"父亲用比较含蓄的口吻说道。

"不，我希望他和我们住在一起。"儿子坚持。

"孩子，"父亲说，"你不知道你在说些什么，这样一个残疾人将会给我们带来沉重的负担，我们不能让这种事干扰我们的生活。我想你还是快点儿回家来，把这个人忘掉，他自己会找到出路的……"没等父亲说完，儿子就挂上了电话。

过了几天，他们接到警察局打来的一个电话，电话里说，他们的儿子从高楼坠地而死，警察局认为是自杀。悲恸欲绝的父母赶了过去，在停尸间里，他们惊奇地发现，他们的儿子只有一只胳膊和一条腿。

这个故事是令人欷歔感伤的，但绝对不是不可避免的。可以想象，如果这个残疾士兵的父亲能不戴有色眼镜，而选择真心地接纳儿子所说的残疾人，这个悲剧就不会发生。

在美国波士顿的一个小镇上，有两个老太太，30 多年前因为一点小事产生矛盾，就一直互相记仇，并波及到了下一代。巧的是，两位老太太都是《波士顿新闻报》家庭版的忠实读者，如果不是这个报的这个专栏，也许她们早就被这种仇恨和相互的骚扰搅得难以生存了。

那个家庭版有一个专栏，由读者间的通信组成，方式是，如果你有什么问题，或只想发发怨气，就写信给这家报纸，署上你的化名。然后，另一位有相同烦恼的人会化名回信，告诉她如何处理这类事情。这两位老太太一直都与这家报纸的专栏保持联系，一个化名叫杨梅树，一个化名叫海鸥。

后来，化名海鸥的老太太死了，化名杨梅树的老太太鉴于道义，便越过篱笆去帮忙做点事。当她第一次走进她的死对头的家时，发现桌上摆着一本巨大的剪贴簿，整整齐齐地贴着多年来她与专栏上化名杨梅树的人的来往信件。原来，两位现实中不肯和解的老太太，在专栏中是一直保持联系的知心朋友。活着的老太太痛哭失声，但遗憾的是不能再补救那已被白白浪费的美好时光。

在生活中，有的人看起来可能很讨厌，吝啬甚至狡诈，然而从另一角度看，有可能却是大方、热情、正直甚至善良的，这往往取决于我们观察对方的视角。因此，常常是看人的心态决定了看人的角度，看人的角度又决定了人的“好坏”。因此，要想看到事物的真实面目，千万不要以自己的主观想象作为衡量别人的标准。主观意识太强，经常会造成识人的错误与偏差。

轻易批评他人不可取

卡耐基说："批评不但不会改变事实，反而会招致愤恨。"许多人经常能发现身边朋友的过失并决意要帮助他改掉，但却很少想到一切从改变自己开始。

人们因观念不同而常有冲突。在面对这种观念差异的时候，不要轻信自己的判断能比对方高明，也不要轻易地去批评别人。因为严厉的批评是无益的，它只会迫使被批评者采取防卫的行动，使他刻意地为自己的行为寻找合理的解释。

已故美国实业家约翰·华纳梅克曾说："早在30年前，我就懂得苛责他人是件愚蠢至极的事。因为光是怨上帝没赐给我过人的智慧，使我必须独自奋斗，克服天分上的缺点，就已经够我忙的了！"华纳克梅在年轻时就已深谙这层道理，这或许是他比普通人更成功的原因所在。

乔治·约翰逊是一家建筑公司的安全检查员，检查工地上的工人有没有戴上安全帽是约翰逊的职责之一。

据他反映，一旦发现工人在工作时不戴安全帽，他便用自己的职权要求工人改正，其结果是常常使受指正的工人感到不高兴，而且等他一离开，他们又会把帽子拿掉。为此，约翰逊决定改变管理的方式。

从那以后，当他看见有工人不戴安全帽时，便问帽子是否戴起来不舒服或是帽子尺寸不合适。同时他还用愉悦的声调提醒工人戴安全帽的重要性，然后要求他们在工作时最好戴上。这样做的效果果然比以前好了许多，也不再有工人显得不高兴了。

我们知道，能够虚心地接受别人的批评，是一种高尚的品质，因为我们可以从别人的批评里发现自己的缺点，吸取经验教训，以利于自己的进步和成长。然而，这只是少数人才能做到的事情，对于大多数人来说，这只不过是一种提高修养的目标和方向。

著名心理学家斯金纳通过动物实验证明，那些因好行为而受到奖赏的动物，其学习速度快，持续力更久；那些因坏行为而受到处罚的动物，则不论其速度或持续力都比较差。研究还表明，这个实验用在人身上也有同样的结果。

另一位心理学家汉斯·希尔也认为：“越来越多的证据表明，人们都害怕受到指责。批评会引起羞愤，这常常使雇员、亲人和朋友的情绪大为低落，并且批评也无助于对已发生的情况予以纠正。”

总之，如果我们以尖刻的语言去批评他人，就往往会造成被动失败的局面。那位同事会失去他的自信心，而我们也会失去他的信任，得不到成功的合作。但是，如果以对方为中心去了解他人，却可以打开沟通的渠道。因此，千万不要轻易批评他人，当问题出现以后，要心平气和地考虑如何解决，而不是以批评来对待，只有这样，才能增加自己在他人心中的威信，促进事情的成功。

让你的鼓励成为他人前进的动力

安东尼·罗宾指出，要想成功，你必须学会调动别人内心深处的积极性，让他们发挥潜能，你必须“给他们的油箱加油”。的确，没有激励，人就很难动起来，更不可能鼓起冲劲，也就很难发挥潜能。但如果一个人不停地受激励驱动，他就能永远前进。

著名的心理学家杰斯·雷尔说过：“称赞对温暖人类的灵魂而言，就像阳光一样。没有它，我们就无法成长开花。但是我们大多数的人，只是敏于躲避别人的冷言冷语，而自己却吝于把赞许的温暖阳光给予别人。”

在美国，有一位年轻人，由于生活穷困，他只读了五年小学，便辍学在印刷厂做学徒了。工作虽然辛苦，却没有阻止他爱上浪漫的诗歌。他像发疯一样，没日没夜地写诗。

1855年，他自费出版了第一本诗集，初版印了1000册。薄薄的小书只有95页，包括十二首诗和一篇序。绿色的封面，封底上画了几株嫩草、几朵小花。他兴奋地拿了几本样书回家，弟弟乔治只是翻了一下，认为不值得一读，就丢在一旁。他的母亲也是一样，根本没有读过它。一个星期之后，他的父亲因病去世，也没有看过儿子的作品。

年轻人把书拿出去卖，结果一本都没卖掉。无奈，他只好把这些诗集全都送了人，但也没有得到好的回应。当时的著名诗人朗费罗、赫姆士、罗威尔等人不予理睬，大诗人惠蒂尔把他收到的一本干脆投进火里。

社会上的批评更是铺天盖地，对他有一大堆臭骂。有的报纸认为“作者的诗作违背了传统诗歌的艺术。他不懂艺术，正像畜生不懂数学一样”。还有的杂志则把这本诗集称为“浮夸、自大、庸俗的杂凑”，甚至说他是个疯子，“除了给他一顿鞭子，我们想不出更好的办法”。后来，连年轻人的服装、相貌都成为别人嘲笑的对象：“看他那副模样，就能断定他写不出好诗来。”

铺天盖地的嘲笑和谩骂声，像冰冷的河水，浇灭了年轻人所有的激情。他失望了，并且开始怀疑自己：我是不是根本就不是写诗的料？就在他几近绝望时，远在马萨诸塞州康科德的一位大诗人被他那创新的写法、不押韵的格式和新颖的思想内容打动了。大诗人随即写了一封信，给这些诗以极高的评价：

“亲爱的先生，对于这本才华横溢的诗集，我认为它是美国至今最了不起最具聪明才智的精华。我在读它的时候，感到十分愉快。它是奇妙的、有着无法形容的魔力的、有可怕的眼睛和水牛的精神的诗集，我为您的自由和勇敢的思想而高兴……我揉揉眼睛，想看看这道阳光是不是幻觉，直到昨天晚上，我在一家报纸上看见这本书的广告时，我才相信真有此书。我很想会见使我受到教益的人，并想完成这下一个任务，去向您致敬。”

这真诚的夸奖和赞誉，一下子点燃了作者心中那将要熄灭的火焰。他从此坚定了自己写诗的信念，一发而不可收拾。

1856 年 9 月，增订的第二版诗集问世，共有 384 页。直到 1892 年他去世时，诗集已经出到第九版，里面所收的诗歌也由最初的 12 首发展成到近 400 首。

此时，他已经成为具有世界声誉和世界意义的伟大诗人，他唯一的诗集也成了美国乃至人类诗歌史上的经典。他就是美国现代诗歌之父——瓦尔特·惠特曼，那部诗集的名字叫《草叶集》，而当年那位写信对他予以赞美和鼓励的诗人，叫爱默生。

现在我们可以这样说，惠特曼最后能够成为享誉世界的大诗人，除了他的天才与勤奋之外，与爱默生的欣赏和鼓励是分不开的。

亨利·福特，这位近代美国汽车工业的巨头，曾经多次感慨地表述过这样一句话：善于鼓励他人的能力，是一个人一生中最美好的财富。

在福特汽车工业刚起步时，年轻的福特历经辛苦，绘制出一幅新型发动机的草图，因为在那个年代，绝大多数的业内人士都认为，电气车辆才是未来车辆的发展潮流。为此，福特这幅企图改良汽车发动机的蓝图遭受了许多白眼和嘲讽。

得不到理解和支持的福特为此烦恼不已，几欲放弃。但一次晚宴上的际遇，给了福特以巨大的鼓舞，使他以坚定的信心坚持下来，并最终成为引领汽车行业的带头人。

在那次晚宴上，大名鼎鼎的发明家爱迪生也应邀参加了。福特在餐桌上向距离他最近的一位先生讲解自己的发动机设想，福特注意到，跟他距离几把椅子以外的爱迪生也在侧耳倾听，并不断挪动椅子向福特这边靠近，最后，这位大发明家索性直接走到福特身边，请他画出发动机的草图。

福特既紧张又兴奋，匆匆几笔就画出了简略的草图，爱迪生全神贯注地研究着这张草图。突然，爱迪生将拳头在餐桌上重重一击，兴奋地说：年轻人，就是它了，你已经得到它了！”

多年以后，福特回忆说：“击在餐桌上的那重重一拳，对我而言，它的价值等同于整个世界。”

可以说，鼓励他人既是处世的艺术又是做人的美德。被鼓励的人心怀感激，恰是对鼓励者最好的回报。

因为，人是在鼓励中扬起生活的风帆，在鼓励中享受成功的喜悦，在鼓励中创造奇迹的。学会鼓励他人，也会给自己带来信心。

丁克威是一名篮球教练，他培养了21位国家级球员，帮球队赢得了全国冠军，球队中有13名世界纪录保持者及数十位奥运会金牌得主。很多人对他的教育方法感到好奇，其实，他的秘诀在于鼓励人，发掘人的长处，强调人的动力。

有一年在太平洋区的田径赛中，他带队参加四人接力赛决赛。队员先前在个人赛中都不幸败北，士气低落，并且只有一名队员是专跑接力的。在这种情况下，他把四名队员召集在一起，决定对每一位队员加以鼓励。

他告诉第一名选手，说他劲力够，一定会超过别队队员；第二名选手擅长障碍赛，因此在无障碍的接力赛中定能轻易超越；第三名是长跑接力的队员，现在只跑1/4的长度更能胜任；对第四名选手他说：“你是顶尖的，跑给他们看。”队员们奋力一试，果然夺得了冠军。

总之，鼓励胜于责难。如果你能做一个激励他人的人，做一个能激发他人潜能的人，自己也会无往不利。

第十四章

进步篇

每天进步一点点

成功就是每天进步一点点。也许你的进步并不快，也许你的起点不是很高，但只要你能坚持每天都有所进步，就一定会成功。

成功来源于诸多要素的叠加。比如，每天笑容比昨天多一点点；每天走路比昨天精神一点点；每天行动比昨天积极一点点；每天效率比昨天提高一点点……

法国的一个童话故事中有一道小智力题：荷塘里有一片落叶，它每天会增长一倍。假使30天会长满整个荷塘，请问第28天，荷塘里有多少荷叶？

答案要从后往前推，即有1/4荷塘的荷叶。这时，假使你站在荷塘的对岸，你会发现荷叶是那样的少，似乎只有那么一点点，但是，第29天就会占满一半，第30天就会长满整个荷塘。

正像荷叶长满荷塘的整个过程一样，荷叶每天变化的速度都是相同的，可是前面花了漫长的28天，我们能看到的荷叶都只有那一个小小的角落。

在追求成功的过程中，即使我们每天都在进步，然而，前面那漫长的“28天”因无法让人“享受”到结果，常常令人难以忍受。人们常常只对“第29天”的希望与“第30天”的结果感兴趣，却因不愿忍受漫长的过程而在“第28天”放弃。

每天进步一点点，它具有无穷的威力，只是需要我们有足够的耐力，坚持到“第28天”以后。

拿竞争来说，通常情况下，竞争对手常常不是被我们打败的，而是他们自己忘记了每天进步一点点。成功者不是比我们聪明，而是他能比我们每天多进步一点点。

众所皆知，日本企业所生产的产品向来以品质卓越著称，不论是电子产品、家用电器还是汽车等，日本的产品品牌在世界上都是属于一流的。

日本人之所以对品质有如此高的重视，是因为一位美国的品质大师戴明博士。

第二次世界大战结束后，戴明应日本企业之邀，力求重振日本经济。戴明博士到了日本之后，对日本企业界提出“品质第一”的法则。他告诉日本企业界，要想使自己的产品畅销全世界，在产品品质上一定要持续不断地进步。

戴明博士认为，产品品质不仅要符合标准，更要无止境地每天进步一点点。当时有不少美国人认为戴明博士的理论很可笑，但日本人完全照做。今天日本企业的产品在世界上取得了辉煌的成绩，他们将功劳归于戴明，甚至颁赠给先进企业的奖项也称为“戴明奖”。

当福特汽车公司一年亏损数十亿美元时，他们请戴明博士回来演讲，戴明仍然强调要在品质上每天进步一点点，持续不断地进步，这样才可以起死回生，振兴企业。

结果，福特汽车照此法则贯彻了三年之后，便转亏为盈。

成功就是把简单的事情重复着去做。每天进步一点点是简单的，之所以有人不成功，不是他做不到，而是他不愿意做些简单而重复的事情。因为越简单、越容易的事情，人们也越容易不去做它。

然而，一个人，如果每天都能进步一点点，哪怕是 1% 的进步，试想，还有什么能阻挡得了他最终达到成功？一个企业，如果其中的每个人每天都能进步一点点，那也就没有什么障碍能阻挡得住它最终的辉煌。

前洛杉矶湖人队的教练帕特·莱利在湖人队最低潮时，告诉 12 名队员说：“今年我们只要每人比去年进步 1% 就好，有没有问题？”球员一听：“才 1%，太容易了！”于是，在罚球、抢篮板、助攻、抄截、防守等方面都各进步了 1%，结果那一年湖人队果真得了冠军。

有人问教练，为什么这么容易就得到了冠军呢？教练说：“每人在五个方面各进步 1%，则为 5%，12 人一共 60%，一年进步 60% 的球队，你说能不得冠军吗？”

总之，每天进步一点点是成功的开始，每天创新一点点是超越的开始，比别人做得好一点点是杰出的开始。如果你有一颗梦想成功的心，那就要从现在开始，每天进步一点点，也许在不久的将来，你就会发现成功已经悄然而至。

不断攀登生命的高峰

有人说世界上没有绝对的成功，只有不断的进步。的确，成功不是辉煌，而是一种无限期的磨练。它需要不断进步，不断向着更高的目标迈进，才能赢得最终的胜利。

成功学家发现，人们通常很早就意识到进取心在叩响自己心灵的大门，但是，如果不注意它的声音，不给予它鼓励，它就会渐渐远离。正如其他未被利用的功能和品质一样，雄心也会退化，甚至尚未发挥任何作用就消失得无影无踪了。而如果不断给自己提出新的目标和挑战，那得到的就不只是一点点进步了。

谭盾是一个喜欢拉琴的年轻人，他刚到美国时，每天到街头拉小提琴卖艺赚钱。事实上，在街头拉琴卖艺跟摆地摊没两样，都必须争个好地盘才会有人潮、才会赚钱，而地段差的地方，生意也就比较差。

很幸运地，谭盾和认识的一位黑人琴手一起争到了一个最能赚钱的好地盘，那是一家商业银行的门口，每天都人来人往。

过了一段时间，谭盾赚到了不少钱之后，就和黑人琴手道别，因为他想进入大学进修，在音乐学府里可以拜师学艺，也能和琴技高超的同学们互相切磋。于是，谭盾将全部的时间和精力投注到提升音乐素养和琴技之中……

在大学里，虽然谭盾不能像以前在街头拉琴一样赚很多钱，但他的眼光超越了金钱，转而投向那更远大的目标和未来。

十年后，谭盾路过那家商业银行，发现昔日老友——那个黑人琴手，仍在那“最赚钱的地盘”拉琴，而他的表情一如往昔，脸上洋溢着得意、满足与陶醉的表情。

当黑人琴手看见谭盾突然出现时，很高兴地停下拉琴的手，亲热地问道：“兄弟，好久没见了，你现在在哪里拉琴啊？”

谭盾回答了一个很有名的音乐厅的名字，但黑人琴手反问道：“那家音乐厅的门前也是个好地盘，也很好赚钱吗？”

“还好啦，生意还算不错。”谭盾淡淡地说着。黑人琴手哪里知道，十年后的谭盾，已经是一位国际知名的音乐家，他经常应邀在著名的音乐厅中登台献艺，而不是在门口拉琴卖艺。

很多人也许会像黑人琴手一样，一直死守着“最赚钱的地盘”不放，还沾沾自喜、扬扬得意。他们的才华、潜力、前程，也会因死守着“最赚钱的地盘”而白白地断送掉。因此，作为一个积极渴求成功的人来说，必须懂得及时抽身，离开那看似最赚钱，却不再进步的地方，必须鼓起勇气，不断学习，再去攀登生命的另一高峰。

有人说，生命是罐头，胆量是开罐器，我们要握着有胆量的开罐器，才能打开生命的罐头，也才能品尝里头的甜美滋味。

从前，在宾夕法尼亚的一个山村里，住着一位卑微的马夫，后来这位马夫竟然成了美国最著名的企业家之一。他就是查尔斯·齐瓦勃先生。

齐瓦勃先生的成功秘诀是：每谋得一个职位，他从不把薪水的多少视为重要的因素，他最关心的是新的位置和过去的位置相比前途和希望是否更远大。

他最初在钢铁大王安德鲁·卡内基的工厂做工，当时他就暗下决心：“总有一天，我要做到本厂的经理。我一定要努力做出成绩来给老板看，使老板主动来提拔我。我不会计较薪水的高低，我只要记住：要拼命工作，要使自己的工作产生的价值远远超过我的薪水。”他下定决心后，便以十分乐观的态度工作。在30岁时，他成了卡内基钢铁公司的总经理。39岁时，他又出任全美钢铁公司的总经理。

总之，我们要成功，就要不断进取，因为进取心是摆脱颓废的最佳手段。一旦形成不断自我激励、始终向着更高境界前进的习惯，我们身上所有的不良品质和坏习惯就会逐渐消失，只有被鼓励、被培养的品质才会成长，而消灭不良品质的最好方法就是消灭它们赖以生存的环境和土壤。

一个人只要有了想成功的欲望，就会不断给自己提出新的奋斗目标，而这种目标会激励着他不断前进，最终到达成功的彼岸。

永葆进取之心

进取心是成功的起点。有了进取心，我们才可以充分挖掘自己的潜能，实现人生的价值，充分享受人生的甘美。

进取心和想象力是成功的起点，也是最重要的心理资源。有人说，一个人的心胸有多大，舞台就有多大。的确，目光高远，时刻想着提高和进步，是成功者最重要的习惯。拥有进取心，可以使我们向目标不断努力。它不允许我们懈怠，它让我们永不满足，每当我们达到一个高度时，它就召唤我们向更高的境界努力。

有人向美国薪水最高的职业经理询问成功的秘诀，他说："我还没有成功呢！没有人会真正成功，因为前面还有更高的目标。"

每个公司都喜欢那些真正想干点事情的人。这些人往往能自觉地、积极地努力，并能不屈不挠地把思想付诸行动，影响和带动周围的人去工作。可以这样说，在任何一个公司中，进步最快的是两种人，一种人是勇于开拓进取的人，另一种人是有开放心态的人，他们谦虚，可以勇敢地接受别人的看法，所以他们的成功比别人快得多，自然收获也更大。

某银行招聘了三名储蓄员，他们经过三个月的培训后，走上了工作岗位。

甲开始工作时有种新鲜感，干得挺起劲儿，可是不久，面对单调的工作他便厌烦了。在他的眼里，干这一行是不会有什么出息的。但另找工作又没那么容易，于是，他就消极地对待工作，能拖则拖，能少干就少干。

由于心态不好，他的心情总是很烦躁，而心情一烦躁，错账就多，错账一多，心情就更烦躁。因此，他常常陷入这个恶性循环的怪圈里。

乙工作了一段时间后也觉得储蓄工作实在是单调，不过他想，当今社会分工越来越细，什么工作干久了都会感到单调。于是，他耐下心来，认真学习有关的各项业务，苦练各种技能。因而，他整天乐呵呵的，很快就成了业务尖子。

丙在熟悉储蓄业务后，发现储蓄工作还有不少地方需要改进。于是，他一项项琢磨。不久，他摸索出了一种新的点钞法，大大提高了点钞速度。一年后，他设计出一种“自动分币机”——不同的硬币放进该机后，币筛一摆动，就能将不同面额的硬币分拣出来。几年后，他与人合作，发明了便携式点钞机和液压式捆钞机。

八年过去了，甲仍然是一名业务水平低下、心情糟糕的储蓄员；乙是该部门颇有成绩的业务主管；丙已离开银行，开了一家公司，专门研制、生产银行和邮政储蓄业务所需的各种用具，生意红火。

可见，任何一个员工，都不能只是被动地等待别人告诉你应该做什么，而是应该主动去了解自己应该做什么，还能做什么，怎样精益求精做到更好，并且认真地规划它们，然后全力以赴去完成。想想今天世界上的那些成功者，没有人是懒懒散散、消极等待的。回过头看他们的成功之路，会很容易发现，在他们身上，都有着强烈的进取心。

可以说，进取心塑造了一个人的灵魂。我们每个人所能达到的人生高度，无不始于一种内心的状态。当我们渴望有所成就的时候，才会冲破限制我们的种种束缚。假如一头牛不想喝水，你就无法按下它的头。而一个不想进步的员工，即使你拿鞭子抽他，他也不可能有出色的表现。

李开复曾经说过：“30年前，人们对人才的定义是一个有专业知识的、埋头苦干的人。斗转星移，事物发展到今天，人们对人才的看法已逐步发生了变化。现在，很多公司渴求的人才是积极主动、充满热情、灵活自信的人。”

总之，进取心是成功的根本，没有一种向上的进取态度，任何成功都无从谈起。很多时候，一定要让自己再向前迈进，这样最终才会获得成功。

多做一些，成功将随之而来

“比别人多做一点”是走向成功的一条至理名言。无论何时何地，只要创造就会有收获。只要我们在平凡的岗位上，坚持“每天多做一点”，就将置身于“柳暗花明又一村”的境界。

有一位成功的推销员曾用一句话总结了他的经验：“你要想比别人优秀，就必须坚持每天比别人多访问五个客户。”

的确，“比别人多做一点”体现了一种坚持，一种执著，这也是事业成功者高于平庸者的秘诀。在很多情况下，大家的起点都是一样的，所处的环境也没有大的差别，而有的人之所以最后成功了，其实也没有什么秘诀，仔细观察你会发现，他们仅仅是比别人多做了一点点。

十几年前，在各种各样的书店遍布大街小巷的时代，如果有人建议谁去卖书，他很可能会摇头：“没机会了，市场都让人占完了！”

可是，有一个人却不这么认为，他硬是在书店星罗棋布的地方又开了一家书店，只不过他走的是一条与众不同的新路子——他是做网上销售。他就是知名的网上书店——亚马逊书店的创始人杰夫·贝佐斯。

在贝佐斯准备独自创业时，他正在一个令人羡慕的岗位上工作着，那是1994年，他担任着华尔街一家大公司的副总裁，掌管着5000亿美元的资产。这样一份好工作，别人求之不得，谁都不会轻易舍弃。但是，对于贝佐斯来说，新兴的网络经济的诱惑远远胜过高薪和现职，于是他毅然辞去了工作，来到了西雅图。

虽然从事网络经济的大方向已经定下来，可是，具体经营什么他却还没有想好。于是，他认真地作了一份市场调研，列出了打算在网上销售的20种商品，并选出其中销售量最大的五种，这五种商品是：图书、CD、录像带、计算机硬件和软件。经过反复考虑，贝佐斯决定做图书生意。

接下来，他又对当时的图书市场进行了调查研究，结果发现，图书是低价位的商品，还便于邮寄，不仅如此，全球图书有三百多万种，仅已出版的英语图书就有150万种，而传统书店只能卖新书，同时，美国的图书零售业有820亿美元的市场容量。

更让贝佐斯兴奋的是，图书行业处于分散状态，当时几乎每个行业都有零售巨头，而图书行业却还没有，最大的巴诺书店的市场占有率也只有11%。了解到了这些，他决定马上就开网络书店，并争取成为行业的领头企业。

可是，开一家大型网络企业谈何容易，这需要一大笔资金。于是，贝佐斯四处筹款，从朋友那里筹集到了100万美元，父亲把养老的30万美元也给了他。但130万美元也解决不了问题，后来，他又想到了寻找投资人。

说干就干，贝佐斯写了一份十分吸引人的发展计划，并拿着它去逐个游说可能投资的人。工夫不负有心人，在经历了很多的挫折之后，他看到了希望，一家投资公司的老板约翰·多尔以800万美元买下了亚马逊网上书店15%的股权。因为，在他们看来，网上销售图书也有很大的吸引力。

最终，贝佐斯开网络书店需要的巨额资金全部筹集齐了。

这个时候，贝佐斯的竞争策略也成竹于胸了：图书品种齐全；最实惠的价格；最便利的服务；最快的速度（购买处理速度和送货上门速度）。

1995年7月，贝佐斯创办的亚马逊网上书店如期开张。该书店能够提供110万种图书，而当时美国最大的图书连锁书店巴诺书店也只能提供17万种。

在亚马逊网络书店里，每一种图书都有“定价”、“特价”、“您节省多少钱”的字句，并且，读者可以货比三家，只要点击一下，就可以看到所选择的图书在其他书店的价格。在网上购书既方便又快捷，购书者选好自己想要的书，输入自己的账号、密码、地址，几秒钟过后，想要的书就买好了，送货员会在最短的时间内将书送到你的手上。这种全新的服务模式，立即吸引了大量的读者。

1998年12月，贝佐斯作出了一项新决定，他让出一部分网页空间给出版商们，让他们做新书的促销广告。但这一举动却引起了读者的强烈不满，读者担心一直坚持高标准的亚马逊会受到金钱的污染。

对于读者的这一反应，贝佐斯立刻采取了有效的措施。第二天，他马上宣布停

勤奋的习惯，做事就会努力，相比较而言，就会有更多的成功机会。

有这样一个普通的人。他出生在一个平凡的家庭，过着和同龄人一样的琐碎日子——上学，读书，玩耍，在平淡的岁月中一点点长大。如果非要从他身上找出什么特别之处的话，那就是他对历史的痴迷。记得在上小学的时候，当别的男孩儿正在疯狂玩耍的时候，他却独自一人蹲在厨房昏暗的灯光下如饥似渴地读着一本又一本厚厚的史书。

后来，他考上了一所普通的大学。然而，大学的生活没有他想象的那么丰富多彩，此时的他不谈恋爱，不玩游戏，也很少和同学一起上街闲逛。只要一有时间，他就一头扎进史书中，乐此不疲。

再后来，他大学毕业，顺利地考上了公务员，从此开始了日复一日、年复一年的枯燥生活。

公务员的工作依旧很清闲，同事们一有时间就在一起看看报纸，聊聊天，以此打发漫长的时光，而性格内向的他仍旧常常在空闲的时候奋笔疾书，记录着一些有趣的历史故事。

下班之后，他也很少去参加什么应酬，他更愿意把自己关在房间里，沉浸在刀光剑影的历史往事中。他一直觉得自己的生命不能在这样琐碎无聊的时光中消耗掉，终于有一天，他下决心要写一本书。在接下来的日子里，他开始用自己的语言诠释着一段古老的历史。

就这样，他利用断断续续的业余时间写出了一本几十万字的书，这本书叫《明朝那些事儿》。在这本书里，他以独特的历史观和丰富的历史知识以及俏皮调侃的语言吸引了大批读者，他也因此成了红透大江南北的人物。

在谈到自己如何成功的时候，他是这样说的："比我有才华的人，没有我努力；比我努力的人，没有我有才华；既比我有才华，又比我努力的人，没有我能熬。在他们消磨时间的时候，我却在不停地努力着。"

韦尔奇说："勤奋就是财富，勤劳就是财富。谁能珍惜点滴时间，谁就能成就大业，铸就辉煌。"

勤奋具有点石成金的魔力。那些出类拔萃的人物、那些将勤奋奉为金科玉律的人们，将使人类因他们的工作而受益。再也没有什么比做事拖拖拉拉更能阻碍一个人成功的了，它会分散一个人的精力、磨灭一个人的雄心，使我们只能被动地接受命运的安排，而不是主动地去改变自己的生活。正如黑格尔所说："天才如果朝朝暮暮地躺在青草地上，让微风吹来，眼望着天空，温柔的灵感也始终不会光顾他。"

面对困境，我们要想获得成功，到达理想的彼岸，在一定程度上要看能否根除自己的惰性。作为一个对成功有着强烈渴望的人，要时刻记着勤奋和努力，只有这样，才能不断地向成功靠近。

今天的安逸是明天的苦难

任何成功都不是轻易就能获得的。它需要不断地努力，需要艰辛地拼搏。如果你贪图安逸，不愿为之付出，那你迟早会为此付出代价。而如果你能克服重重阻碍，不断向前，那你就能得到成功的垂青。

现实生活中，有不少人害怕艰难，不愿付出。他们得过且过，混沌度日。在他们看来，努力也不一定成功，还不如享受为先。还有的人觉得自己已经有所成就，认为自已不需要再那么艰苦地付出，而是应该享受一下了。然而，他们不知道，不经过努力的享受完全没有实际意义，也不会长久，这种所谓的安逸最终会贻误你的一生，让你追悔莫及。

在沃尔斯公司高阶主管的眼中，杰克森是值得栽培的业务人才。他能力超群，工作做得让人无可挑剔。与他同期进入公司的迈克，是一步一个脚印的老实业务员，不太善于表达，却很勤快。

他们同期接受公司的培训，而自信满满的杰克森却从不把迈克放在眼里，因为作为常胜将军的他，根本就看不上木讷而又有点愚笨的迈克。但是，迈克却很崇拜杰克森，经常向他请教业务上的问题。除此之外，迈克还非常勤奋用心，他总是在下班后继续钻研相关的技能，充实专业知识，让自己的业务水平得到不断提升。

与此同时，杰克森却仍在沾沾自喜，沉醉于自己的出色而不思进取。他觉得自己就是最出色的，没有谁能比得上他。在迈克努力提高自身能力的时候，他在家中与朋友聚会，常常是酩酊大醉而后倒头大睡，根本不知道此时的自己在业务上已经没什么优势可言了。

最终，杰克森因业绩不断下滑而被解雇，而迈克则因出色的表现被晋升为业务经理。

生物学家曾做过实验，把同种生物放在两种不同的环境中，一种是非常舒适的环境，一种是要通过努力才能取得食物的环境，最后的结果是，生活安逸的生物不是早死就是病死，而在恶劣环境下的生物却过得非常快乐而且长寿。人也一样，凡是那些在艰苦环境中成长起来的人，都是比较坚强、有活力并能取得成功的人，而在舒适安逸环境中成长起来的人，通常都很平庸。

有这样一部关于熊猫和北极熊的电视片，讲述的是这样一件事情：

熊猫和北极熊原本有着共同的祖先，由于气候变化，一批转移到中国四川的温带地区，另一批转移到北极的寒带地区。按一般逻辑，进入寒带地区的熊会冻死、饿死，温带地区的熊会很容易活下来。结果却相反。由于环境好，熊猫由以前比较凶猛的物种变成了好吃懒做、濒临灭绝的物种，因为熊猫退出了生存竞争。

温带地区食物多，食肉动物也多，老虎、狮子和狼常和熊猫抢食物，熊猫抢不过它们就不吃肉了，改吃草。而食草动物也多，因此熊猫决定连草也不吃了，吃其他动物都不吃的竹子。它却不知道已经犯了致命的错误——它选择了唯一的食物来源，当竹子越来越少的时候，就有大批的熊猫被饿死，最后全世界只剩下屈指可数的熊猫。

而北极熊却在北极生活得很好，比当地的任何动物都更凶猛，体重也比熊猫重很多。它本来是陆生动物，但最后它能在海中游泳长达几小时，且能捕食水中的生物，实在没东西可吃时，还能在 −40℃的北极冬眠。可以说，是北极生存环境的恶劣给了北极熊强健的体魄和强大的生存能力。

实事求是地说，很多时候我们都是让安逸耽误了自己的成功。其实每个人都有无限的潜力，也有无穷大的能量，最重要的是你是否愿意去释放你的激情，释放你的能量，只要你肯积极地付出，不被一时的安逸所迷惑，就能获得真正意义上的成功。